새

조류학 박사 윤무부
조류학 석사 윤종민

교학사

책을 펴내며

    산과 바다, 습지 등 온 자연에서 서식하는 새들을 따라다니며 그들과 함께한 지난 50여 년의 시간들을 돌이켜볼 때 행복을 느끼곤 한다. 해마다 그 작은 날개로 먼 바다를 건너서 나를 만나러 오는 새들이 고맙고, 찾아올 때마다 한 종 한 종이 서로 다른 목소리로 지저귀는 것이 신기하기만 하다.

    그런데 과학 기술의 발달로 우리의 생활은 날로 편해지고 있지만, 각종 공해와 서식지의 파괴로 해마다 5만여 종의 생물들이 지구상에서 사라지고 있다. 아종을 포함하여 약 478종으로 알려져 있는 한국의 새 또한 그 종류와 개체 수가 급속하게 감소하고 있다. 이러한 현실이 계속된다면, 우리의 후손들은 그 흔하던 참새, 까치, 멧비둘기 등을 볼 수 없게 되는지도 모른다.

    나와 오랫동안 동행했던 그 새들을 기억하기 위해, 그 동안의 자료를 정리하여 이 책에 수록하였다. 카메라와 비디오 카메라, 녹음기 등의 많은 장비를 가지고 그들의 아름다운 모습과 소리를 담기 위한 노력과 인내가 맺은 결실이 바로 이 책이다. 이 책을 꾸미면서 부족한 40여 종의 사진들은 새를 사랑하는 많은 사람들로부터 도움을 받을 수 있었다. 그들의 관심과 애정에 감사의 마음을 느낀다.

    이 책의 분류 순서는 최근의 조류 목록을 따랐으며, 학명 및 영명, 최신 현황에 관해서도 그 동안의 연구 자료를 바탕으로 정성들여 수록하였다.

    끝으로, 이 책이 새를 사랑하는 탐조가들과 조류학에 종사하는 많은 사람들에게 좋은 길잡이가 되길 바라며, 한국의 새에 대한 지속적인 관심을 가져 주시길 바란다. 또, 이 책의 출판을 허락해 주신 교학사 양철우 사장님과, 유홍희 부장님을 비롯한 편집부 여러분에게도 감사를 드린다.

2008년 1월   윤무부 · 윤종민

차 례

- 책을 펴내며 3
- 일러두기 13
- 새의 부분 명칭 14

산새

닭목
꿩과
들꿩 16
메추라기 17
꿩 18

매목
매과
황조롱이 20
새홀리기 21
매 22
수리과
물수리 23
벌매 24
솔개 25
흰꼬리수리 26
참수리 27
독수리 28
개구리매 30
잿빛개구리매 31
알락개구리매 32
붉은배새매 33
조롱이 34
새매 35
참매 36
왕새매 37
말똥가리 38
큰말똥가리 39
흰죽지수리 40
검독수리 41

비둘기목
비둘기과
양비둘기 42

흑비둘기 43
멧비둘기 44

뻐꾸기목
뻐꾸기과
매사촌 45
검은등뻐꾸기 46
뻐꾸기 47
벙어리뻐꾸기 48
두견이 49

올빼미목
가면올빼미과
초원올빼미 50
올빼미과
큰소쩍새 51
소쩍새 52
올빼미 53
수리부엉이 54
금눈쇠올빼미 56
솔부엉이 57
칡부엉이 58
쇠부엉이 59

쏙독새목
쏙독새과
쏙독새 60

칼새목
칼새과
칼새 61

파랑새목
파랑새과
파랑새 62
물총새과
호반새 63
청호반새 64
물총새 65
후투티과
후투티 66

딱따구리목
딱따구리과
개미잡이 67
쇠딱따구리 68
아물쇠딱따구리 69
울도큰오색딱따구리 70
큰오색딱따구리 71
오색딱따구리 72
크낙새 73
까막딱따구리 74
청딱따구리 75

참새목
팔색조과
  팔색조 76
할미새사촌과
  할미새사촌 77
때까치과
  칡때까치 78
  때까치 79
  노랑때까치 80
  긴꼬리때까치 81
  큰재개구마리 82
  물때까치 83
꾀꼬리과
  꾀꼬리 84
바람까마귀과
  검은바람까마귀 85
까치딱새과
  삼광조 86
까마귀과
  어치 87
  물까치 88
  까치 89
  붉은부리까마귀 90
  갈까마귀 91
  떼까마귀 92
  까마귀 93
  큰부리까마귀 94

여새과
  황여새 95
  홍여새 96
박새과
  박새 97
  진박새 98
  곤줄박이 99
  쇠박새 100
스윈호오목눈이과
  스윈호오목눈이 101
제비과
  갈색제비 102
  귀제비 103
  제비 104
오목눈이과
  오목눈이 105
  흰머리오목눈이 106
종다리과
  쇠종다리 107
  북방쇠종다리 108
  뿔종다리 109
  종다리 110
개개비사촌과
  개개비사촌 111
직박구리과
  직박구리 112
휘파람새과
  숲새 113

휘파람새 114
섬휘파람새 115
북방개개비 116
알락꼬리쥐발귀 117
섬개개비 118
개개비 119
쇠개개비 120
긴다리솔새사촌 121
노랑허리솔새 122
노랑눈썹솔새 123
쇠솔새 124
되솔새 125
산솔새 126

붉은머리오목눈이과
붉은머리오목눈이 127

동박새과
한국동박새 128
동박새 129

상모솔새과
상모솔새 130

굴뚝새과
굴뚝새 131

동고비과
동고비 132
쇠동고비 133

나무발발이과
나무발발이 134

찌르레기과
북방쇠찌르레기 135
쇠찌르레기 136
잿빛쇠찌르레기 137
붉은부리찌르레기 138
찌르레기 139
흰점찌르레기 140

지빠귀과
호랑지빠귀 141
되지빠귀 142
검은지빠귀 143
대륙검은지빠귀 144
흰눈썹붉은배지빠귀 145
흰배지빠귀 146
붉은배지빠귀 147
노랑지빠귀 148
개똥지빠귀 149

딱새과
흰눈썹울새 150
진홍가슴 151
쇠유리새 152
유리딱새 153
울새 154
딱새 155
검은딱새 156
흰머리바위딱새 157
검은뺨딱새 158
몽골딱새 159

푸른바다직박구리 160
바다직박구리 161
제비딱새 162
솔딱새 163
쇠솔딱새 164
흰눈썹황금새 165
황금새 166
노랑딱새 167
흰꼬리딱새 168
큰유리새 169
파랑딱새 170

참새과
섬참새 171
참새 172

십자매과
중국십자매(얼룩무늬납부리새) 173

바위종다리과
바위종다리 174
멧종다리 175

할미새과
물레새 176
흰눈썹긴발톱할미새 177
긴발톱할미새 178
노랑머리할미새 179
노랑할미새 180
검은턱할미새 181
백할미새 182
알락할미새 183
검은등할미새 184
큰밭종다리 185
쇠밭종다리 186
나무밭종다리 187
힝둥새 188
흰등밭종다리 189
붉은가슴밭종다리 190
밭종다리 191

되새과
되새 192
방울새 193
검은머리방울새 194
갈색양진이 195
긴꼬리홍양진이 196
적원자 197
양진이 198
솔잣새 199
멋쟁이 200
콩새 201
밀화부리 202
큰부리밀화부리 203

멧새과
멧새 204
흰배멧새 205
붉은뺨멧새 206
쇠붉은뺨멧새 207
노랑눈썹멧새 208

쑥새 209
노랑턱멧새 210
검은머리촉새 211
꼬까참새 212
무당새 213
촉새 214
검은멧새 215

쇠검은머리쑥새 216
검은머리쑥새 217
흰멧새 218

물새

기러기목

오리과
개리 220
큰기러기 221
쇠기러기 222
흰이마기러기 223
흰기러기 224
캐나다기러기 225
흑기러기 226
흑고니 227
고니 228
큰고니 229
혹부리오리 230
황오리 231
원앙 234
알락오리 235
청머리오리 236

홍머리오리 237
아메리카홍머리오리 238
미국오리 239
청둥오리 240
흰뺨검둥오리 242
넓적부리 243
고방오리 244
발구지 245
가창오리(태극오리) 246
쇠오리 248
미국쇠오리 249
붉은부리흰죽지 250
흰죽지 251
댕기흰죽지 252
검은머리흰죽지 253
흰줄박이오리 256
검둥오리사촌 257

검둥오리 258
흰뺨오리 259
흰비오리 260
비오리 261
바다비오리 262
호사비오리 263

아비목
아비과
아비 264
회색머리아비 265

슴새목
슴새과
슴새 266
바다제비과
바다제비 267

논병아리목
논병아리과
논병아리 268
큰논병아리 269
뿔논병아리 270
귀뿔논병아리 271
검은목논병아리 272

황새목
황새과

먹황새 273
황새 274
따오기과
노랑부리저어새 275
저어새 276
백로과
알락해오라기 278
덤불해오라기 279
큰덤불해오라기 280
해오라기 281
검은댕기해오라기 282
흰날개해오라기 283
황로 284
왜가리 285
붉은왜가리 286
대백로 287
중대백로 288
중백로 289
쇠백로 290
흑로 291
노랑부리백로 292

사다새목
군함조과
군함조 293
가마우지과
민물가마우지 294
가마우지 295

쇠가마우지 296

두루미목

뜸부기과
흰배뜸부기 297
쇠뜸부기사촌 298
뜸부기 299
쇠물닭 300
물닭 301

두루미과
쇠재두루미 302
검은목두루미 303
재두루미 304
흑두루미 306
두루미 307

메추라기과
세가락메추라기 308

물떼새목

검은머리물떼새과
검은머리물떼새 309

장다리물떼새과
장다리물떼새 310
뒷부리장다리물떼새 311

물떼새과
댕기물떼새 312
민댕기물떼새 313
검은가슴물떼새 314

개꿩 315
흰목물떼새 316
꼬마물떼새 317
흰물떼새 318
왕눈물떼새 319
흰눈썹물떼새 320

호사도요과
호사도요 321

물꿩과(자카나과)
물꿩(자카나) 322

도요과
멧도요 324
청도요 325
꺅도요 326
흑꼬리도요 327
큰뒷부리도요 328
쇠부리도요 329
중부리도요 330
마도요 331
알락꼬리마도요 332
학도요 333

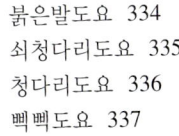

붉은발도요 334
쇠청다리도요 335
청다리도요 336
삑삑도요 337

알락도요 338
뒷부리도요 339
깝작도요 340
노랑발도요 341
꼬까도요 342
붉은어깨도요 343
붉은가슴도요 344
세가락도요 345
좀도요 346
흰꼬리좀도요 347
종달도요 348
메추라기도요 349
붉은갯도요 350
민물도요 351
넓적부리도요 352
송곳부리도요 353
지느러미발도요 354
제비물떼새과
제비물떼새 355
갈매기과
괭이갈매기 356
갈매기 357
재갈매기 358
노랑발갈매기 359
큰재갈매기 360
줄무늬노랑발갈매기 361
큰검은머리갈매기 362
붉은부리갈매기 363
검은머리갈매기 364
세가락갈매기 365
붉은발제비갈매기 366
제비갈매기 367
쇠제비갈매기 368
흰죽지제비갈매기 369
바다오리과
알락쇠오리 370
바다쇠오리 371
작은바다오리 372

참새목

물까마귀과
물까마귀 373

○ 학명 찾아보기 374
○ 우리말 이름 찾아보기 380
○ 참고 문헌 386

일러두기

- 이 책은 아종을 포함한 '한국의 조류 목록'에 있는 새 478종 중에서 텃새, 철새, 나그네새, 미조를 포함하여 산새 200종, 물새 145종의 생생한 원색 사진과 해설을 실었다.

- 새의 우리말 이름은 한국동물학회 편 '한국의 조류'를 근거로 하였고, 분류 순서 및 영명, 학명은 최근 세계적인 조류학자들이 많이 활용하는 Dickinson의 'The Howard & Moore Complete Checklist of the Birds of the World(2003)'를 우리 나라에서는 처음으로 따랐다.

- 우리 나라에 서식하는 아종을 수록하기 위해 주변 국가들의 아종 실태, 철새 이동 경로 및 분류 형태 등을 고려하였다.

- 해설은 새의 형태와 습성으로 간략화하였다. 형태는 동정에 도움이 되는 특징들을 기술하고, 습성은 서식지, 생활사, 행동 등을 기술하였다.

- 각 종마다 생활형, 몸 길이, 먹이, 출현기, 분포 및 현황을 한눈에 알아볼 수 있도록 요약, 정리하였다.

- 생활형은 크게 텃새, 여름 철새, 겨울 철새, 나그네새, 미조로 구분하였으며, 미조는 이동 중 길을 잃은 철새로, 우리 나라에서 주기적으로 관찰되지 않거나, 관찰 기록이 적은 새를 포함시켰다.

- 한국 조류의 현황으로 문화재청 지정 '천연기념물', 환경부 지정 '멸종위기야생동식물 I·II급'으로 표시하였다.

- 각 사진마다 동정하는 데 도움이 되도록 간단한 설명과 함께 암수, 여름깃과 겨울깃, 어미새와 어린새, 새끼새를 구별하여 적었다.

새의 부분 명칭

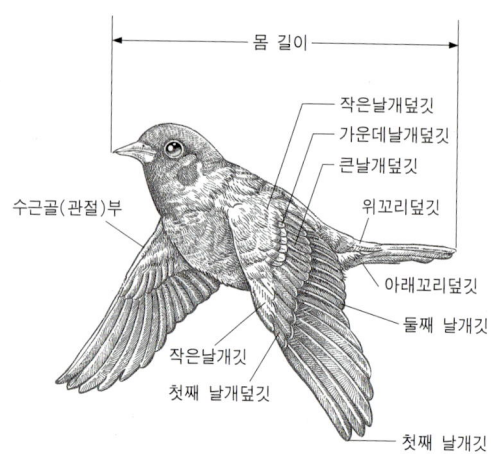

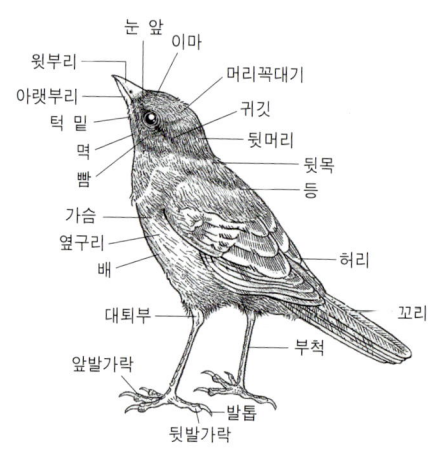

산새

MOUNTAIN BIRDS

▲▲ 수컷 ▲ 알을 품은 암컷   ▲▲ 수컷 겨울깃 ▲ 알

들꿩

학 명 : *Testrastes bonasia*
영 명 : Hazel Grouse

몸 전체는 황갈색의 보호색을 띠며, 턱 밑에 검은 부분이 있는 것이 특징이다. 암수의 모습은 거의 동일하지만, 수컷은 눈 위에 붉은 점이 있고 이마에 흰색 띠가 있어 구별된다. 높은 산의 고목이 많은 숲 속에서 대개 5~10마리가 무리를 지어 살며, 침엽수 가지에 잘 앉는다. 둥지는 숲 속의 낙엽이 쌓인 땅 위에 튼다.

닭목/꿩과

- ◆생활형 / 텃새
- ◆몸 길이 / 약 35cm
- ◆먹이 / 곤충류, 씨, 나무 열매, 나무순
- ◆출현기 / 사계절
- ◆분포 / 한국, 일본, 중국 동북 지방, 몽골, 러시아, 중앙 유럽
- ※다래덩굴이 많은 곳에 서식한다.

▲ 알　　　　　　　▲ 알을 품은 어미새

닭목/꿩과

◆ 생활형 / 텃새
◆ 몸 길이 / 약 20cm
◆ 먹이 / 곤충류, 벼과 식물의 씨, 채소
◆ 출현기 / 사계절
◆ 분포 / 한국, 일본, 중국, 몽골, 러시아
※ 예전에는 가을·겨울에 많이 보여 겨울 철새로 알려졌었다.

메추라기

학 명 : *Coturnix japonica*
영 명 : Japanese Quail

몸 전체는 황갈색을 띠며, 눈썹은 황토색, 머리와 몸통에는 여러 개의 흰 줄이 있다. 아랫배는 잿빛을 띤 흰색이다. '들꿩'이나 '꿩'에 비해 목이 거의 보이지 않는다. 암수는 구별하기 어렵다. 풀과 관목 아래로 다니는 습성 때문에 쉽게 관찰되지 않는다. 최근 경기도 안산 시화호 간척지에서 적은 무리가 번식한다. 둥지는 풀밭에 튼다.

▲ 경계하는 수컷

꿩

학 명 : *Phasianus colchicus*
영 명 : Ring-necked Pheasant

수컷은 꼬리깃 길이가 40~50cm이고, 머리는 갈색, 가슴과 배는 붉은빛을 띤 갈색이다. 뺨은 번식기에 붉어지며 목에 흰 띠가 있다. 암컷의 꼬리깃 길이는 20~30cm로 짧고, 깃털은 갈색 바탕에 검은색 얼룩무늬가 있어 눈에 잘 띄지 않는다. 농경지, 초원, 덤불 숲에 산다. 4~7월경, 암컷은 땅에 얕은 구덩이를 파고 알을 낳는다. 전국에서 흔히 볼 수 있으며, 제주도에 많은 개체가 서식한다.

닭목/꿩과

- ◆생활형 / 텃새
- ◆몸 길이 / 수컷 80~90cm, 암컷 55~65cm
- ◆먹이 / 지렁이, 곤충 등 작은 동물, 곡류
- ◆출현기 / 사계절
- ◆분포 / 한국, 중국, 동남아시아, 러시아
- ※수컷은 '장끼', 암컷은 '까투리'라고 한다.

▲ 알　　　▲▲ 수컷　▲ 암컷

▲ 암컷
◀ 공중에서 먹이를 찾는 수컷

황조롱이

학 명 : *Falco tinnunculus*
영 명 : Common Kestrel

수컷의 머리와 꼬리는 회색, 날개덮깃은 황갈색에 검은 점이 있고, 날개 끝은 고동색이다. 암컷은 수컷과 달리 머리와 꼬리가 갈색을 띠며, 수컷에 비해 약간 크다. 비행시 꼬리 끝에 검은 줄이 있다. 주로 도시나 시골의 마을 부근에서 산다. 강가의 암벽, 건물의 틈새, 비어 있는 까치 둥지에 알을 낳는다.

매목/매과

- ◆생활형 / 텃새
- ●몸 길이 / 약 30cm
- ●먹이 / 들쥐, 두더지, 소형 조류, 파충류, 곤충류
- ◆출현기 / 사계절
- ◆분포 / 한국, 일본, 중국, 티베트, 인도, 필리핀
- ※공중에 움직이지 않고 떠 있어 '바람개비새' 라고 한다. 천연기념물 제323-8호

▲ 수컷

▶▶ 암컷

▶ 부화한 지 8일째 된 새끼새

매목/매과

- ◆생활형 / 여름 철새
- ◆몸 길이 / 31~35cm
- ◆먹이 / 소형 조류
- ◆출현기 / 5~10월
- ◆분포 / 한국, 일본, 중국, 러시아

※예전에는 높은 산의 풀밭 등지에서 볼 수 있었다. 멸종위기야생동식물Ⅱ급

새홀리기

학 명 : *Falco subbuteo*
영 명 : Eurasian Hobby

앞이마에서 눈 위를 지나는 황갈색의 가는 띠가 있다. 날개와 꼬리는 황갈색을 띤다. 노란색의 다리를 덮고 있는 갈색 깃털이 특징이다. 비행시 아랫면은 흰색 바탕에 검은 점들이 있다. 개활지의 임지에 서식하며, '까치'나 '어치'가 튼 둥지를 이용하거나 다리 밑에서 번식한다.

▲ 어린새　　▲ 절벽의 둥지 부근에서 경계하는 암컷

매

학 명 : *Falco peregrinus*
영 명 : Peregrine Falcon

머리와 날개는 암수 모두 회색이고, 올리브색 앞가슴과 배에는 검은 점이 있다. 턱 밑은 흰색이고, 다리는 노란색이다. 비행시 몸 전체는 흰 바탕에 고동색 점이 있고, 안쪽 날개는 갈색을 띤다. 어린새는 가슴에 세로 점무늬가 있다. 평지 삼림에 많이 사는데, 인가 부근에도 날아든다. 주로 단독 생활을 한다. 날 때에는 날개를 빠르게 움직여 직선으로 난다.

매목/매과

- ◆생활형 / 텃새
- ◆몸 길이 / 수컷 약 38cm, 암컷 약 48cm
- ◆먹이 / 소형 조류
- ◆출현기 / 사계절
- ◆분포 / 한국, 일본, 중국, 러시아, 유럽
- ※부산 영도 바닷가에서 매년 번식한다. 천연기념물 제323-7호, 멸종위기야생동식물 I급

▲ 나무 막대에 앉아 쉬고 있다.
▶ 비상 중

매목/수리과

◆ 생활형 / 겨울 철새
◆ 몸 길이 / 수컷 약 55cm, 암컷 약 64cm
◆ 먹이 / 물고기
◆ 출현기 / 10~12월, 1~3월
◆ 분포 / 한국, 일본, 중국, 몽골, 동남 아시아, 러시아, 유럽
※ 바닷가의 작은 호수 등지에서 숭어를 잡아먹는다. 멸종위기야생동식물Ⅱ급

물수리

학 명 : *Pandion haliaetus*
영 명 : Osprey

'솔개' 보다 작지만 날개가 길고 아랫면이 흰빛을 띠어, 날 때에는 오히려 크게 보인다. 비행시 머리와 목, 배는 흰색, 날개 끝은 고동색을 띤다. 단독 생활을 할 때가 많으며, 먹이를 잡을 때에는 날개를 반쯤 펴고 물 속으로 돌입하여 양쪽 발로 물고기의 머리를 잡는다. 물가의 높은 나무 위나 암벽 위에 살며, 암수가 함께 나뭇가지 등으로 접시 모양의 둥지를 만든다.

▲ 비행시 꼬리에 굵고 검은 가로띠가 있다.

벌매

학 명 : *Pernis ptilorhynchus*
영 명 : Oriental Honey Buzzard

'솔개'보다 작고, 몸 아랫면의 빛깔은 변화가 많으나 윗면은 갈색이며, 꼬리에 굵은 가로띠가 있다. 수컷보다 암컷이 크다. 비행시 머리, 가슴, 배는 고동색을 띠고, 날개 안쪽과 꼬리는 흰색이다. 낮은 산과 산지의 숲에 살며, 부리나 다리로 땅속을 파헤쳐 벌의 유충이나 번데기를 잡아먹는다. 큰 나무의 가지 위에 둥지를 틀고, 가을이 되면 '왕새매' 등의 무리에 섞여 함께 이동한다.

매목/수리과

◆ 생활형 / 나그네새
◆ 몸 길이 / 수컷 약 57cm, 암컷 약 60.5cm
◆ 먹이 / 파충류, 양서류, 곤충류
◆ 출현기 / 5월, 10~11월
◆ 분포 / 한국, 일본, 몽골, 동남 아시아, 러시아

※ 남해안의 외딴 섬에서 작은 무리를 볼 수 있다. 멸종위기야생동식물 Ⅱ급

▲ 베어 낸 나무 토막 위에서 경계하고 있다.

▶▶ 부화한 새끼새
▶ 알을 품은 어미새

매목/수리과

- ◆생활형 / 텃새
- ◆몸 길이 / 약 65cm
- ◆먹이 / 포유류, 조류, 파충류, 양서류, 물고기
- ◆출현기 / 사계절
- ◆분포 / 한국, 일본, 중국, 몽골, 동남 아시아, 러시아
- ※최근에는 남해안의 소나무 숲에서도 번식한다. 멸종위기야생동식물 II 급

솔개

학 명 : *Milvus migrans*
영 명 : Black Kite

몸 전체는 갈색으로, 윗면은 색이 짙고 아랫면은 연하다. 매와 비슷한 종류이지만 부리와 발이 발달되지 않았다. 비행시 몸 전체가 고동색이며 꼬리가 삼각형인 것이 특징이다. 평지와 낮은 산의 숲에 살며, 가끔 유유히 날면서 지상에 있는 먹이를 발견하면 급강하여 발가락으로 움켜잡아 공중 또는 나뭇가지 위나 지상에 내려서 쪼아 먹는다. 둥지는 고목에 튼다.

▲ 부화한 지 15일째 된 새끼새　　▲ 둥지 부근에서 경계하고 있다.

흰꼬리수리

학 명 : *Haliaeetus albicilla*
영 명 : White-tailed Sea Eagle

몸 전체는 황갈색이고, 꼬리는 흰색으로 짧아 보이며, 다리는 노란색이다. 비행시 몸 전체는 진한 고동색이고 꼬리만 흰색이다. 비번식기에는 혼자서 생활하나 번식 직후에는 새끼들과 함께 산다. 번식지는 매년 같은 장소를 이용한다. 특히 번식기에는 해안 절벽 고목 줄기에 나뭇가지로 큰 둥지를 만들며, 번식 후에는 섬을 떠나 강 하구 등지에서 생활한다.

매목/수리과

- ◆생활형 / 텃새
- ◆몸 길이 / 수컷 약 70cm, 암컷 약 95cm
- ◆먹이 / 물고기
- ◆출현기 / 사계절
- ◆분포 / 한국, 일본, 중국, 몽골, 동남 아시아, 러시아

※전남 흑산도에서 매년 번식한다. 천연기념물 제243-4호, 멸종위기야생동식물 I급

▲ 바닷가에서 휴식하고 있다.

매목/수리과

- 생활형 / 겨울 철새
- 몸 길이 / 수컷 약 88cm, 암컷 약 102cm
- 먹이 / 포유류, 파충류, 양서류, 물고기
- 출현기 / 10~11월
- 분포 / 한국, 일본, 몽골, 러시아
- ※천연기념물 제243-3호, 멸종위기야생동식물 I급

참수리

학 명 : *Haliaeetus pelagicus*
영 명 : Steller's Sea Eagle

이마, 날개 안쪽과 꼬리는 흰색이며, 나머지는 검은색으로 대조적이다. 유난히 큰 부리와 다리는 밝은 노란색이다. 비행시 몸 전체는 진한 고동색이며, 날개 앞쪽과 꼬리만 흰색이다. 대개 단독 생활을 한다. 해안, 하천의 하류, 평지와 산지, 호소 등지에서 보이며 강어귀 갯벌에 내려앉기도 한다. 번식기에는 높은 활엽수에 둥지를 튼다. 겨울에 바닷가에서 적은 수를 볼 수 있다.

산새 27

▲ 논에서 휴식하고 있다.

독수리

학 명 : *Aegypius monachus*
영 명 : Cinereous Vulture

대형 맹금류이다. 몸 전체는 황갈색이며, 비행시에는 진한 고동색을 띤다. 부리의 기부와 발은 회색이다. 머리와 목은 맨살을 볼 수 있다. 하천 부근이나 하구 등지에서 월동하며, 때로는 해안 부근과 내륙의 상공에서도 쉽게 눈에 띈다. 주로 무리를 지어 생활하며, 초원에서 먹이를 발견하면 많은 무리들이 함께 포식한다. 번식기에는 오래된 숲이 많은 고산 지대에서 서식하며, 나무 위에 둥지를 튼다. 겨울에 강원도 철원 지방에 매년 400여 마리가 찾아온다.

매목/수리과

- ◆생활형 / 겨울 철새
- ◆몸 길이 / 102~112cm (날개 길이 70~90cm, 꼬리 길이 35~40cm)
- ◆먹이 / 죽은 짐승
- ◆출현기 / 11~12월, 1~4월
- ◆분포 / 한국, 일본, 중국, 몽골

※추운 겨울에 논밭 부근의 양계장이나 돼지 사육장 주변에 많이 찾아온다. 천연기념물 제243-1호, 멸종위기야생동식물 Ⅱ급

▲▲ 논에서 월동 중인 무리
▲ 목을 감는 특이한 깃이 있다.
◀ 공중에서 먹이를 찾고 있다.

▲ 비상 중

◀ 논에 내려앉아 있다.

개구리매

학 명 : *Circus spilonotus*
영 명 : Eastern Marsh Harrier

수컷은 머리와 뒷목이 노란빛을 띤 흰색이며 밤색과 검은 갈색의 세로무늬가 있다. 암컷은 머리와 가슴이 엷은 갈색이다. 비행시 몸 전체는 진한 고동색이며, 바깥쪽 날개는 엷은 황토색을 띤다. 다리는 노란색이다. 평지의 습지나 연못, 논, 호수, 산에서 단독 생활을 할 때가 많다. 번식기에는 공중에서 원을 그리며 구애 비행을 한다. 둥지는 덤불이 있는 바닥에 튼다.

매목/수리과

- ◆생활형/겨울 철새
- ◆몸 길이/수컷 약 48cm, 암컷 약 58cm
- ◆먹이/포유류, 조류
- ◆출현기/11~12월, 1~2월
- ◆분포/한국, 일본, 중국, 몽골
- ※주로 논에서 먹이를 찾으며, 상공에서 쥐를 찾기 위해 계속 낮게 날아다닌다. 천연기념물 제323-3호, 멸종위기야생동식물Ⅱ급

▲ 먹이를 잡아 날아가고 있다.

▶ 논에서 휴식하고 있다.

매목/수리과

- 생활형 / 겨울 철새
- 몸 길이 / 수컷 약 45cm, 암컷 약 51cm
- 먹이 / 포유류, 조류
- 출현기 / 11~12월, 1~3월
- 분포 / 한국, 일본, 중국, 몽골

※ 추운 겨울철에 강 하구의 갈대밭 상공이나 평지의 논 부근에서 볼 수 있다. 천연기념물 제323-6호, 멸종위기야생동식물 Ⅱ급

잿빛개구리매

학 명 : *Circus cyaneus*
영 명 : Northern Harrier, Hen Harrier

수컷은 머리, 가슴, 등, 꼬리가 회색이고 배는 흰색이다. 암컷은 몸 전체가 갈색이며, 진한 갈색 무늬가 있다. 비행시 배와 안쪽 날개 앞부분은 흰색이며, 꼬리에는 굵은 검은 줄이 있다. 겨울에는 전국의 철새 도래지의 인근 농경지나 갈대밭에서 비행하는 모습을 흔히 볼 수 있다. 번식기에는 다른 수리 종류와 같이 공중에서 원을 그리며 구애 비행을 한다. 둥지는 덤불이 있는 바닥에 튼다.

▲ 수컷

◀ 비행시 머리와 날개 끝은 검은색이다.

알락개구리매

학 명 : *Circus melanoleucos*
영 명 : Pied Harrier

수컷은 머리와 날개에 검은색 얼룩이 뚜렷하고, 안쪽 날개의 앞부분과 배는 흰색이다. 암컷의 윗면은 암갈색이고, 아랫면은 황갈색에 짙은 갈색의 세로무늬가 있다. 비행시 머리와 날개 끝은 검은색이고, 몸 전체는 흰색이다. 번식기에는 공중에서 원을 그리며 구애 비행을 한다. 둥지는 덤불이 있는 바닥에 튼다.

매목/수리과

- ◆생활형 / 텃새
- ◆몸 길이 / 38~43cm
- ◆먹이 / 포유류, 파충류, 조류
- ◆출현기 / 사계절
- ◆분포 / 한국, 일본, 중국

※경기도 문산 부근 휴전선에서 드물게 볼 수 있다. 천연기념물 제323-5호, 멸종위기야생동식물Ⅱ급

▲ 둥지에서 경계하는 암컷   ▲ 부화한 지 17일째 된 새끼새

매목/수리과

- ◆생활형 / 여름 철새
- ◆몸 길이 / 수컷 약 27cm, 암컷 약 30cm
- ◆먹이 / 조류, 양서류, 곤충류(매미)
- ◆출현기 / 5~9월
- ◆분포 / 한국, 중국, 몽골, 동남 아시아
- ※주로 중부 지방에서 번식한다. 천연기념물 제323-2호

붉은배새매

학 명 : *Accipiter soloensis*
영 명 : Chinese Goshawk

머리와 날개, 등 부위는 짙은 회색을 띠고, 배는 올리브색과 노란색, 다리는 노란색이다. 암컷은 수컷에 비해 약간 크다. 비행시 몸 전체는 흰 바탕에 검은 점이 있으며, 꼬리에는 검은 줄이 여러 개 있다. 경작지가 있고 개울이 있는 곳에 서식하며, 5~9월에 밤나무나 낙엽송의 나뭇가지에 둥지를 튼다.

▲ 수컷
◀◀ 암컷과 새끼새
◀ 알

조롱이

학 명 : *Accipiter gularis*
영 명 : Japanese Sparrowhawk

수컷의 윗면은 청회갈색이고 아랫면은 희고 가슴 쪽은 등갈색이다. 암컷은 윗면이 회흑살색이고 아랫면은 희고 세로무늬가 있다. 비행시 몸 전체는 흰 바탕에 검은 점들이 있으나, 다른 수리 종류에 비해 밝은 편이다. 저지와 야산의 숲에서 번식하며, 소나무나 상수리나무 등의 높은 나뭇가지 위에 둥지를 튼다. 빠른 날갯짓과 짧은 활공을 교대로 하며 나는 속도가 빠르다.

매목/수리과

- ◆생활형 / 여름 철새
- ◆몸 길이 / 수컷 약 26cm, 암컷 약 30cm
- ◆먹이 / 포유류(쥐), 소류
- ◆출현기 / 5~8월
- ◆분포 / 한국, 일본, 중국, 몽골
- ※경기도 안산에서 번식하며, 주로 새를 잡아먹는다. 멸종위기야생동식물Ⅱ급

▲ 나무 위에 앉아 먹이를 찾는 수컷

매목/수리과

- ◆생활형 / 텃새
- ◆몸 길이 / 32~40cm
- ◆먹이 / 포유류, 조류
- ◆출현기 / 사계절
- ◆분포 / 한국, 일본, 중국, 몽골
- ※매우 드물게 깊은 산골에서 번식하며, 매 종류 중 작은 종이다. 천연기념물 제 323-4호

새매

학 명 : *Accipiter nisus*
영 명 : Eurasian Sparrowhawk

날개는 비교적 작고 꼬리는 길다. 암컷은 수컷보다 크다. 수컷의 윗면은 회청색이고 아랫면은 흰색 바탕이고 등갈색의 가로무늬가 있다. 암컷의 윗면은 회갈색, 아랫면은 흰색 바탕에 흑갈색의 가는 가로무늬가 있다. 비행시 몸 전체는 올리브색 바탕에 고동색 점들이 있으며, 꼬리에 검은 줄이 있다. 숲 속 또는 숲 가장자리의 농경지나 풀밭에서 사냥한다.

▲ 논에 내려앉아 있다.

참매

학 명 : *Accipiter gentiles*
영 명 : Northern Goshawk

매목/수리과

- ◆생활형 / 겨울 철새
- ◆몸 길이 / 수컷 49~56cm, 암컷 108~127cm
- ◆먹이 / 포유류, 꿩, 오리, 비둘기
- ◆출현기 / 11~12월, 1~3월
- ◆분포 / 한국, 일본, 중국, 몽골, 동남 아시아, 러시아

※천연기념물 제323-1호, 멸종위기야생동식물Ⅱ급

매 종류 중 가장 크며, 암컷이 수컷보다 크다. 암수 거의 동일하며, 몸의 윗면은 회삽색, 머리 위와 눈 주위, 날개 끝은 검은색이다. 몸의 아랫면은 흰 바탕에 가는 가로무늬가 있다. 다리는 노란색이다. 비행시 몸 전체는 흰 바탕에 고동색 점들이 있으며, 날개와 꼬리에 줄들이 있다. 오래 된 침엽수림을 선호하며, 예전에는 전북 고창에서 흔히 볼 수 있었으나 지금은 매우 드문 새이다.

▲ 이동 중 잠시 나무 위에서 쉬고 있다. ▲ 남부 지방의 외딴 섬에서 드물게 본다.

매목/수리과

- ◆생활형 / 나그네새
- ◆몸 길이 / 약 50cm
- ◆먹이 / 포유류, 조류
- ◆출현기 / 5월, 10~11월
- ◆분포 / 한국, 일본, 중국, 몽골, 동남 아시아, 러시아
- ※남부 지방의 외딴 섬에서 이동 중인 무리를 볼 수 있다.

왕새매

학 명 : *Butastur indicus*
영 명 : Grey-faced Buzzard

몸의 윗면은 적갈색, 뺨은 회색이며, 흰 눈썹 반점이 있다. 몸의 아랫면은 흰 바탕에 갈색의 가로무늬가 있다. 비행시 몸 전체는 흰 바탕에 약간의 고동색 점들이 있으며, 날개 끝이 어둡다. 번식기에 소나무 등의 높은 나뭇가지 위에 둥지를 튼다. 서식지의 환경 변화, 과도한 밀렵, 오염 물질의 증가, 외래종과의 경쟁 등 위협 요인으로 심각한 감소가 예측되는 종이다.

산새 37

▲ 나무 위에 앉아 먹이를 찾고 있다.
◀ 휴식하고 있다.

말똥가리

학 명 : *Buteo buteo*
영 명 : Eurasian Buzzard

몸의 등 쪽은 갈색, 깃털의 가장자리는 적갈색이며, 머리와 가슴은 황갈색이다. 암수 같은 빛깔이다. 비행시 몸 전체는 지저분한 갈색이며, 날개 중앙으로 흰색 부분이 바깥쪽으로 나 있다. 평지의 농경지, 도시 교외의 구릉지, 하천, 바닷가, 산지 등에서 흔히 볼 수 있으나, 암수가 함께 또는 단독으로 서식한다. 먹이가 되는 들쥐의 감소로 매우 드물게 볼 수 있다.

매목/수리과

- ◆생활형 / 겨울 철새
- ◆몸 길이 / 약 55cm
- ◆먹이 / 포유류(쥐)
- ◆출현기 / 10~12월, 1~3월
- ◆분포 / 한국, 중국, 몽골, 러시아

※대개 먹이를 찾을 때에는 전봇대 꼭대기에서 하루 종일 기다리는데, 주로 들쥐를 잡아먹는다. 멸종위기 야생동식물 II급

▲ 전봇대 위에 앉아 먹이를 찾고 있다.

◀ 주위를 살피고 있다.

매목/수리과

- 생활형 / 겨울 철새
- 몸 길이 / 약 60cm
- 먹이 / 포유류(쥐)
- 출현기 / 11~12월, 1~3월
- 분포 / 한국, 중국, 몽골, 러시아

※ 강원도 철원 휴전선 부근에서 매우 드물게 볼 수 있으며, 겨울철에 논에서 주로 쥐를 잡아먹는다. 멸종위기야생동식물Ⅱ급

큰말똥가리

학 명 : *Buteo hemilasius*
영 명 : Upland Buzzard

수컷의 머리꼭대기는 갈색이고, 각 깃의 끝은 다소 색이 엷으며, 각 깃의 양쪽에 황갈색의 가장자리가 있다. 꼬리는 엷은 갈색이고 모가 나 있으며 꼬리깃 수는 12개이다. 암컷의 깃털 색은 수컷과 같으나 몸집은 수컷보다 훨씬 크다. 습성은 '말똥가리'와 비슷하지만, 동작은 더 활발하고 성질도 대담하다. 중부 이남에서 흔히 볼 수 있었으나 최근에는 희귀해졌다.

산새 39

▲▲ 논에서 휴식하고 있다.　▲ 낮게 날며 먹이를 찾고 있다.

흰죽지수리

학 명 : *Aquila heliaca*
영 명 : Eastern Imperial Eagle

'검독수리'와 매우 닮았으나 머리 뒷부분이 더 밝게 보이며, 어깨에 흰 점이 있다. 비행시 몸 전체는 고동색을 띤다. 어린새의 몸은 황갈색이다. 농경지, 개활지, 하구, 저수지 등에 서식하며, 번식기에는 높은 나무에 둥지를 튼다. 희귀한 겨울 철새로, 매년 겨울에 논, 밭 등지에서 1~2마리 정도를 볼 수 있으며, 먹이 부족으로 아사 직전의 개체가 발견되기도 한다.

매목/수리과

- 생활형 / 겨울 철새
- 몸 길이 / 수컷 약 77.5cm, 암컷 약 83cm(날개 편 길이 190~211cm)
- 먹이 / 작은 짐승, 소형 조류, 물고기
- 출현기 / 11~12월, 1~3월
- 분포 / 한국, 중국, 몽골, 러시아

※멸종위기야생동식물Ⅱ급

▲ 비행시 몸은 고동색을 띤다.　　▲ 날며 먹이를 찾고 있다.

매목/수리과

- ◆생활형 / 텃새
- ◆몸 길이 / 76~89cm
- ◆먹이 / 포유류
- ◆출현기 / 사계절
- ◆분포 / 한국, 일본, 몽골, 러시아, 유럽
- ※강원도 철원 부근 절벽 위에서 번식한다. 수리 종류 중 가장 사납다. 천연기념물 제243-2호, 멸종위기 야생동식물Ⅰ급

검독수리

학 명 : *Aquila chrysaetos*
영 명 : Golden Eagle

등 쪽은 검은빛을 띤 갈색이고 가장자리는 그 빛이 연하다. 암수 같은 빛깔이다. 비행시 몸 전체는 고동색이며, 날개 중앙과 꼬리 안쪽으로 약간의 흰 부분이 있다. 내륙 지방 산지의 암벽 사이나 고산 지대의 절벽 등지에 침엽수 가지를 쌓아 올려 둥지를 만든다. 작은 토끼부터 큰 고라니까지 잡아먹는다. 매우 희귀하여 감소가 예측되는 종이다.

▲ 들에서 먹이를 찾는 무리

양비둘기

학 명 : *Columba rupestris*
영 명 : Hill Pigeon

몸 전체는 회색이고, 머리는 진한 회색, 꼬리는 검은색을 띤다. 목 부위는 청동색의 금속성 빛을 내며, 다리는 분홍색이다. 산간 계류, 강, 호수 등 물가의 바위 벼랑, 석회암 굴 속 등에 살며, 보통 10~30마리 이상이 무리를 짓는다. '집비둘기'의 조상으로, '집비둘기' 같이 건물에서도 번식하고, 사람을 두려워하지 않는다.

비둘기목/비둘기과

- ◆생활형 / 텃새
- ◆몸 길이 / 약 33cm
- ◆먹이 / 곡류, 풀씨
- ◆출현기 / 사계절
- ◆분포 / 전 세계
- ※경남 거제도, 경북 울릉도, 휴전선 등지에서 살았으나 최근에는 전북 마이산 부근 바위틈이나 동굴에서 적은 수가 번식한다.

▲ 휴식하고 있다.   ▲ 후박나무 열매를 먹고 있다.

비둘기목/비둘기과

흑비둘기

◆ 생활형 / 텃새
◆ 몸 길이 / 약 40cm
◆ 먹이 / 후박나무 등의 열매
◆ 출현기 / 사계절
◆ 분포 / 한국, 일본, 중국
※ 후박나무 열매가 많은 곳에서 볼 수 있다. 천연기념물 제215호

학 명 : *Columba janthina*
영 명 : Japanese Woodpigeon

암수의 깃털은 모두 검은색이며, 녹색, 장미색의 금속 광택이 있다. 상록 활엽수림에서 벚나무, 감탕나무 등의 나뭇가지 위 또는 나뭇구멍에 접시 모양의 둥지를 만든다. 우리 나라에서는 경북 울릉도, 제주특별자치도 사수도 등 외딴 섬에서만 서식하며, 생활 환경인 후박나무 식재와 보호로 점차 개체 수가 증가하고 있다.

▲ 먹이를 찾고 있다.

◀ 부화한 지 7일째 된 새끼새

멧비둘기

학 명 : *Streptopelia orientalis*
영 명 : Oriental Turtle Dove

암수의 깃털 색깔이 같은데, 이마와 머리꼭대기는 잿빛이나 턱 밑은 보다 엷다. 날개는 흑갈색, 꼬리는 잿빛이 도는 검은색이며, 깃 끝에는 엷은 잿빛의 넓은 띠가 있으나 중앙의 1쌍은 너비가 좁다. 여름에는 암수 1쌍이 짝을 지어 생활하지만, 겨울에는 작은 무리로 생활한다. 산림, 주택가, 도시에서 보이며, 논밭 근처, 공원 등 나뭇가지에 접시 모양의 둥지를 만든다.

비둘기목/비둘기과

- ◆생활형 / 텃새
- ◆몸 길이 / 약 33cm
- ◆먹이 / 낟알 및 식물의 씨, 열매, 추수 후의 떨어진 벼
- ◆출현기 / 사계절
- ◆분포 / 한국(전역), 일본, 중국, 동남 아시아
- ※콩이나 낟알을 먹기 때문에 농부들에게 미움을 사고 있다.

▲ 큰유리새 둥지 부근에서 경계하고 있다.

뻐꾸기목/뻐꾸기과

◆생활형/여름 철새
◆몸 길이/약 32cm
◆먹이/곤충류
◆출현기/5~9월
◆분포/동남 아시아, 아프리카

※생김새가 '매'와 닮았다고 하여 '매사촌'이란 이름이 붙여졌다. 주로 '큰유리새' 둥지에 알을 낳는다.

매사촌

학 명 : *Cuculus hyperythrus*
영 명 : Northern Hawk-cuckoo

머리는 검은색이고 앞가슴과 배는 황토색이다. 꼬리는 세 마디의 줄이 있으며, 끝 부분에 검은색 띠가 있다. 다른 뻐꾸기 종류와 달리 앞가슴과 배에 파도 무늬가 없다. 등에 W자 모양의 흰 점이 2개 있어 쉽게 구별되며, 부리는 작다. 깊은 산림에 찾아오며, 날아다니면서 '쭈이쭈이' 하고 운다. 우는 소리는 잘 들을 수 있지만 나무에 앉아 있는 모습은 좀처럼 보기 어렵다.

▲ 깊은 산 속 나뭇가지에 앉아 있다.

검은등뻐꾸기

학 명 : *Cuculus micropterus*
영 명 : Indian Cuckoo

'뻐꾸기'와 닮았으나 배에 검은색 가로줄이 굵게 나타나며, 꼬리 끝 부분에 검은색 띠가 있고, 꼬리 끝의 흰 점이 특징이다. 눈 언저리도 다른 뻐꾸기 류에 비하여 뚜렷하지 않다. 뻐꾸기 종류 중 가장 높은 산에서 살기 때문에 모습은 보기 어렵고 울음소리만 들을 수 있다. 주변의 소형 조류의 둥지에 알을 낳아 그 새의 어미가 기르도록 맡긴다.

뻐꾸기목/뻐꾸기과

- ◆생활형/여름 철새
- ◆몸 길이/약 33cm
- ◆먹이/곤충류, 나방류 유충
- ◆출현기/5~9월
- ◆분포/한국, 중국, 몽골, 러시아

※강원도 지방 사람들은 이 새가 '홀랑벗고! 홀랑벗고!'라고 운다고 한다.

▲ 북상 중 잠시 쉬고 있다.
◀◀ 휴식하고 있다.
◀ 뻐꾸기 새끼를 돌보는 붉은머리오목눈이

뻐꾸기목/뻐꾸기과

- ◆생활형 / 여름 철새
- ◆몸 길이 / 약 35cm
- ◆먹이 / 곤충류와 곤충의 유충
- ◆출현기 / 5~9월
- ◆분포 / 한국, 중국, 몽골, 러시아

※뻐꾸기 종류 중 가장 흔한 새이며, '뻐꾸기'라는 이름은 '뻐꾹뻐꾹' 하는 울음소리에서 유래한다.

뻐꾸기

학 명 : *Cuculus canorus*
영 명 : Common Cuckoo

전체적으로 회색을 띠는데, 날개는 머리에 비해 어두운 회색을 띤다. 배는 흰색 바탕에 검은 가로 줄무늬가 있으며, 꼬리에는 검은 줄이 여러 개 있다. 부리는 귤빛에 끝이 검고, 다리는 귤빛을 띤다. 울음소리를 들을 수 있는 것은 5월 하순부터 8월 상순이며, 이 시기에 스스로 둥지를 만들지 않고 개개비류, 딱새류, 산솔새류 둥지에 1개의 알을 낳아 맡겨 기르도록 한다.

▲ 가슴과 배에 검은 가로줄 무늬가 있다.

◀ 산솔새 둥지 부근에서 경계하고 있다.

벙어리뻐꾸기

학 명 : *Cuculus saturatus*
영 명 : Himalayan Cuckoo

크기 및 날개의 색깔 모두가 '뻐꾸기'와 비슷하지만 등이 약간 어두운 회색이고, 가슴과 배의 검은 가로줄 무늬가 보다 굵다. 산림이 무성한 곳에 서식하며, 번식기에는 '뻐꾸기'나 '두견이'와 마찬가지로 직접 둥지를 만들지 않고 '산솔새', '숲새', '붉은뺨멧새', '휘파람새', '딱새' 등의 둥지에 알을 낳아 그 새의 어미가 기르도록 맡긴다. 알은 흰 바탕에 갈색 얼룩이 있다.

뻐꾸기목/뻐꾸기과

- ◆생활형 / 여름 철새
- ◆몸 길이 / 약 33cm
- ◆먹이 / 곤충류, 특히 나방의 애벌레
- ◆출현기 / 5~9월
- ◆분포 / 한국, 중국, 동남 아시아, 러시아
- ※뻐꾸기는 보통 '뻐꾹뻐꾹' 하고 울지만, 이 새는 '쿵쿵쿵쿵' 하고 울기 때문에 '벙어리뻐꾸기'라고 한다.

▲ 이른 봄 짝을 찾고 있다. ▲ 가슴과 배의 잿빛 가로줄 무늬가 굵다.

뻐꾸기목/뻐꾸기과

- 생활형 / 여름 철새
- 몸 길이 / 약 25cm
- 먹이 / 곤충류, 특히 나방의 애벌레
- 출현기 / 5~9월
- 분포 / 한국, 중국, 몽골, 동남 아시아, 러시아

※ 뻐꾸기 종류 중 가장 몸집이 작다. 천연기념물 제447호

두견이

학 명 : *Cuculus poliocephalus*
영 명 : Lesser Cuckoo

머리와 등은 잿빛이고, 가슴과 배, 꼬리는 흰 바탕에 잿빛 가로줄 무늬가 있다. 어린새는 어미새에 비해 머리와 목의 색깔이 더 짙다. 눈은 검은색으로 노란 테두리가 있다. 외딴 시골에서 단독 생활을 하며 나뭇가지에 앉아 있을 때가 많다. 우거진 숲 속에 숨어 있어 보기 어렵다. 번식기인 5~6월에 많이 울며, 주로 '휘파람새' 둥지에 알을 낳아 그 새의 어미가 기르도록 맡긴다.

▲ 원형의 얼굴(박제) ▲ 길을 잃어 드물게 찾아온다(박제).

초원올빼미

학 명 : *Tyto capensis*
영 명 : Grass Owl

암컷이 수컷보다 약간 크다. 얼굴은 원형이고 귀가 없다. 얼굴에 있는 원반형 무늬는 흰색이고 연한 노란색 반점이 있다. 눈은 갈색으로 작으며, 눈 가장자리는 반점이 원반형을 이루고 있는데, 위쪽은 어두운 갈색이고 옆쪽과 아래쪽은 연한 노란색이다. 다리는 매우 긴 편으로, 발은 회색이고 부리는 연한 갈색이다. 물가 주변의 풀이 무성한 초지나 습지를 선호하며, 번식기에는 풀로 터널식 둥지를 바닥에 튼다.

올빼미목/가면올빼미과

- ◆생활형 / 미조
- ◆몸 길이 / 수컷 32~36cm, 암컷 35~38cm
- ◆먹이 / 포유류(작은 쥐)
- ◆출현기 / 일정하지 않음
- ◆분포 / 중국, 러시아, 유럽
- ※밀렵이나 서식지 파괴 등으로 멸종 위기에 처해 있는 국제적 보호 조류이다. 우리 나라에서는 2003년 12월에 전남 흑산도에서 처음 발견되었다.

▲ 나뭇가지 위에서 휴식하고 있다.

올빼미목/올빼미과

큰소쩍새

학 명 : *Otus bakkamoena*
영 명 : Collared Scops Owl

◆생활형 / 텃새
◆몸 길이 / 약 24cm
◆먹이 / 포유류(작은 쥐), 곤충류
◆출현기 / 5~9월
◆분포 / 한국, 중국, 몽골, 러시아
※겨울 철새로 알려졌으나 최근에 우리 나라에서 드물게 번식한다. 천연기념물 제324-7호

겉모습은 '소쩍새'와 비슷하지만 눈이 붉은색이다. 머리와 등은 갈색, 각 깃의 끝은 검고 짙은 갈색 얼룩무늬가 있다. 얼굴 전면에는 깃이 V자 모양으로 귀로 연결되어 있다. 낮에는 주로 숲 속에서 휴식을 취하고 밤에 활동한다. 가을과 겨울에는 주로 평지나 산지의 인가 부근 숲에서 생활한다. 번식기에는 고목이 많은 곳에 서식하며, 나뭇구멍에 둥지를 만든다.

▲ 숲에서 흔히 볼 수 있다.

소쩍새

학 명 : *Otus scops*
영 명 : Eurasian Scops Owl

올빼미 종류 중 가장 작나. 몸은 선체적으로 갈색을 띠고, 암갈색의 세로 반점이 있으며, 눈은 노란색이다. 귓가가 약간 세워져 있다. 무성한 삼림의 나뭇구멍에 둥지를 만들고 산다. 4~5개의 흰색 알을 품는 것은 암컷이지만, 새끼는 암수가 함께 기른다. 야행성 조류이며, 요즘은 공원, 학교 숲에서도 흔히 볼 수 있다.

올빼미목/올빼미과

- ◆ 생활형 / 여름 철새
- ◆ 몸 길이 / 약 20cm
- ◆ 먹이 / 곤충류
- ◆ 출현기 / 5~9월
- ◆ 분포 / 한국, 중국, 몽골, 동남 아시아, 러시아. 필리핀에서 월동

※ 북한에서는 '접동새'라고 부른다. 천연기념물 제324-6호

▲ 부화한 지 2일째 된 새끼새   ▲ 둥지를 지키고 있다.

올빼미목/올빼미과

- ◆생활형 / 텃새
- ◆몸 길이 / 약 38cm
- ◆먹이 / 포유류(쥐)
- ◆출현기 / 사계절
- ◆분포 / 한국, 일본, 중국, 몽골, 러시아
- ※천연기념물 제324-1호, 멸종위기야생동식물 Ⅱ급

올빼미

학 명 : *Strix aluco*
영 명 : Tawny Owl

몸에 비해 머리가 크고, 다른 새와는 달리 눈이 얼굴 전면에 있는 것이 특징이다. 부리는 짧지만 튼튼하고 전체가 갈고리 모양으로 굽어 있다. 다리도 짧지만 튼튼하고 발가락에는 날카로운 발톱이 있다. 무성한 삼림이 있는 인가 근처 고목, 소나무나 밤나무 구멍에 둥지를 만들며, 밤에 울음소리를 들을 수 있다. 알과 새끼는 흰색이다.

▲ 둥지 부근에서 경계하고 있다.

수리부엉이

학 명 : *Bubo bubo*
영 명 : Eurasian Eagle-Owl

올빼미 종류 중 가장 크다. 몸 전체가 황갈색을 띠며, 가슴, 등, 날개에는 검은 점무늬가 있다. 부리는 굽었으며 끝은 뾰족하고 검은색이다. 귀는 다른 올빼미 종류에 비해 높이 세워져 있다. 평지에서 고산에 이르기까지 서식하며, 벼랑, 높은 산 바위틈에 둥지 없이 알을 낳는다. 야행성 조류이며, 삼림이 우거져 숲에 먹이가 없을 때에는 양계장 등을 습격하기도 한다.

올빼미목/올빼미과

- ◆생활형 / 텃새
- ◆몸 길이 / 약 66cm
- ◆먹이 / 포유류(쥐), 꿩, 멧비둘기, 오리
- ◆출현기 / 사계절
- ◆분포 / 한국, 중국, 몽골, 러시아
- ※천연기념물 제324-2호, 멸종위기야생동식물Ⅱ급

▲ 부화한 지 16일째 된 새끼새

▲ 먹잇감을 잡기 위해 노리고 있다.

◀ 바위 위에 앉아 쉬고 있다.

금눈쇠올빼미

학 명 : *Athene noctua*
영 명 : Little Owl

몸은 흐린 갈색을 띠며, 배에는 줄무늬가 있다. 뚜렷한 흰 눈썹이 부리에서 머리 뒤쪽까지 연결된 것이 특징이며, 다른 올빼미류와 달리 큰 머리와 눈을 가지고 있어 쉽게 구별된다. 부분적으로 주행성이며, 경계 행동으로 전깃줄이나 기둥에 앉아 고개를 끄덕이거나 좌우로 돌리는 행동을 한다. 번식기에는 주로 인가 주변 숲 속의 나뭇구멍에 둥지를 만든다.

올빼미목/올빼미과

- ◆생활형 / 여름 철새
- ◆몸 길이 / 약 23cm
- ◆먹이 / 포유류(쥐), 곤충류
- ◆출현기 / 5·~9월
- ◆분포 / 한국, 중국, 몽골, 러시아
- ※약 30년 전에는 서울에서 흔히 볼 수 있었으나 지금은 보기 어렵다.

▲ 까치 둥지 부근에서 경계하고 있다.

올빼미목/올빼미과

솔부엉이

학 명 : *Ninox scutulata*
영 명 : Brown Hawk-Owl

◆생활형/여름 철새
◆몸 길이/약 29cm
◆먹이/포유류(쥐), 곤충류
◆출현기/5~9월
◆분포/한국, 일본, 중국, 몽골, 동남 아시아, 러시아
※외딴 숲 산림에서 번식하였으나 최근에는 마을 부근의 까치 둥지에 알을 낳아 번식한다. 천연기념물 제324-3호

머리는 잿빛을 띠며, 몸통은 흰색 바탕에 갈색 점들이 있다. 눈의 홍채와 다리는 노란색을 띤다. 꼬리에는 올리브색 바탕에 엷은 고동색 가로줄들이 있다. 인가 부근의 숲에 살며, 밤에는 나뭇가지에 앉아 있다. 날아다니는 곤충을 공중에서 잡아먹으며, 큰 나뭇구멍에 둥지를 튼다. 번식기에 사람이 둥지 부근에 나타나면 습격한다. 봄부터 가을까지 '후후후' 하는 소리를 들을 수 있다.

▲ 소나무에서 겨울을 나고 있다.

칡부엉이

학 명 : *Asio otus*
영 명 : Long-eared Owl

수컷 겨울깃의 머리꼭대기는 샛빛을 띤 흰색이고 어두운 갈색 얼룩무늬가 있다. 암컷은 수컷보다 바탕색에 붉은 기가 많다. 귀깃이 '수리부엉이' 다음으로 크다. 낮에는 나무숲 그늘에서 쉬고 밤에 소리 없이 날아다니며 밭이나 초원, 숲 등에서 주로 쥐를 잡아먹는 이로운 새이다. 번식기에는 오래된 침엽수림을 선호한다.

올빼미목/올빼미과

- ◆생활형 / 겨울 철새
- ◆몸 길이 / 약 38cm
- ◆먹이 / 포유류(쥐)
- ◆출현기 / 11~12월, 1~3월
- ◆분포 / 한국, 일본, 중국, 몽골, 러시아
- ※서울에서도 흔히 볼 수 있었으나 최근에는 매우 보기 드문 새이다. 천연기념물 제324-5호

▲ 강가에서 먹이를 찾고 있다.

올빼미목/올빼미과

- ◆생활형 / 겨울 철새
- ◆몸 길이 / 약 38cm
- ◆먹이 / 포유류(쥐)
- ◆출현기 / 10~12월, 1~3월
- ◆분포 / 한국, 일본, 중국, 몽골, 러시아
- ※한강을 개발하기 전에는 모래밭에서 흔히 볼 수 있었다. 천연기념물 제324-4호

쇠부엉이

학 명 : *Asio flammeus*
영 명 : Short-eared Owl

몸은 갈색이고 진한 세로 반점이 있다. 머리에는 극히 짧은 귀깃이 있으며, 큰 눈의 홍채는 노란색이다. 얼굴 전면이 하트 모양 또는 원형을 나타낸다. 산지의 풀밭, 갈대밭, 소택지 등에 서식하며, 저녁이면 강가의 모래밭이나 경작지에 날아와 들쥐를 잡아먹는 야행성 조류이다. 주로 초원에 사는데, 둥지는 땅 위에 튼다.

▲ 낮에는 휴식을 취한다.
◀◀ 부화한 지 6일째 된 새끼새
◀ 알

쏙독새

학 명 : *Caprimulgus indicus*
영 명 : Grey-Nightjar

몸 전체가 흑갈색이고, 적갈색 또는 황갈색의 복잡한 무늬가 있으며, 낙엽이나 고엽과 흡사한 색을 띤다. 목의 중앙, 날개, 꼬리깃에는 흰색 반점이 있어 날개를 펼 때 눈에 잘 띈다. 야간에 울음소리는 쉽게 들을 수 있으나 직접 관찰하기는 쉽지 않다. 야행성 조류로 저녁부터 밤 동안에 활동하고, 낮게 날면서 곤충을 잡아먹는다. 땅 위의 낙엽 사이에 둥지를 튼다.

쏙독새목/쏙독새과

- ◆생활형/여름 철새
- ◆몸 길이/약 29cm
- ◆먹이/곤충류
- ◆출현기/5~9월
- ◆분포/한국, 일본, 중국, 동남 아시아, 러시아

※무 쎄는 소리를 내며 운다고 하여 '쏙독새'란 이름이 붙여졌다. 깊은 산골에 있는 절의 스님들은 '요리새'라고 한다.

▲ 외딴 섬 암벽 위를 비행하는 무리

칼새목/칼새과

- ◆생활형/여름 철새
- ◆몸 길이/약 28cm
- ◆먹이/벌, 파리 등의 날아 다니는 곤충류, 딱정벌레류
- ◆출현기/5~9월
- ◆분포/한국, 일본, 중국, 몽골, 동남 아시아, 러시아
- ※몽골 시내의 빌딩에 많이 서식한다. 우리 나라에는 주로 전남 소흑산도의 높은 암벽 사이에 번식한다.

칼새

학 명 : *Apus pacificus*
영 명 : Fork-tailed Swift

등은 흐린 검은색으로, 암수를 구별하기 어렵다. 부리 기부는 매우 넓으나 끝은 작고 좁다. 부리는 눈 뒤 끝의 가까운 곳까지 찢어져 있어 벌린 모양이 매우 크며, 콧구멍은 타원형이고 대롱 모양으로 나와 있다. 발가락은 짧고 앞쪽으로 향하며, 발톱은 굽어 있다. 부리와 다리는 검은색이고, 홍채는 갈색이다. 항상 높은 공중에서 무리를 지어 날며, 날아다니는 곤충을 잡아먹는다.

▲▲ 둥지 부근에서 쉬는 새끼새
▲ 알
◀ 먹이를 물고 있는 어미새

파랑새

학 명 : *Eurystomus orientalis*
영 명 : Dollarbird

몸 전체는 짙은 청록색이고 날개에는 청백색의 큰 반점이 있다. 머리는 검은새, 윗가슴은 칭색이며, 부리와 다리는 붉은색이고 발톱은 검은색이다. 부리는 굵고 짧으며, 부리등의 전반은 많이 굽고 끝이 갈고리 모양이다. 큰 고목의 줄기에 자연적으로 생긴 구멍이나 딱따구리의 옛 둥지를 둥지로 삼는다. 최근에는 농촌 마을이나 도시 부근에서 까치 둥지를 빼앗아 번식한다.

파랑새목/파랑새과

- ◆생활형 / 여름 철새
- ◆몸 길이 / 약 30cm
- ◆먹이 / 곤충류, 딱정벌레류
- ◆출현기 / 5~9월
- ◆분포 / 한국, 일본, 중국, 몽골, 동남 아시아, 러시아
- ※날아다닐 때 날개 양쪽의 흰무늬 점이 태극무늬 비슷하여 '태극새' 라고도 한다. '꽥꽥' 하는 울음소리를 낸다.

▲ 암컷

▲ 수컷

파랑새목/물총새과

호반새

학 명 : *Halcyon coromanda*
영 명 : Ruddy Kingfisher

- ◆생활형/여름 철새
- ◆몸 길이/약 27cm
- ◆먹이/포유류(작은 쥐), 매미, 나방 등의 곤충류, 파충류(도마뱀), 갑각류(가재)
- ◆출현기/5~9월
- ◆분포/한국, 일본, 중국, 동남 아시아
- ※비 내리는 소리를 낸다 하여 '비새'라고도 한다.

몸은 위쪽이 약간 굵고 전체적으로 둥글다. 암수 같은 색으로, 몸은 전체적으로 갈적색이고 가슴과 배는 연한 갈색이다. 머리에서 등까지 보라색 광택이 있다. 부리는 붉은색을 띠고, 굵고 끝이 뾰족하며, 다리도 붉다. 주로 물이 흐르는 산간 계곡, 호숫가, 활엽수림 등 우거진 숲 속에 산다. 6~7월 무렵 계곡 근처의 고목에 자연적으로 생긴 구멍에 알을 낳아 번식한다.

▲ 새끼에게 줄 먹이를 물고 있는 어미새 ▲ 구멍을 파 만든 둥지

청호반새

학 명 : *Halcyon pileata*
영 명 : Black-capped Kingfisher

머리는 검은색이고, 부리는 붉은색, 목은 흰색, 등은 밝은 파란색을 띠며, 가슴과 배 부위는 붉은 황토색, 다리는 붉은색을 띤다. 비행시 짙은 파란색 바탕의 날개에 흰 패치가 있는 것이 특징이다. 주로 농촌이나 농경지 또는 구릉의 물가에 살며 전깃줄에 앉아 있는 것을 쉽게 볼 수 있다. 하천가 또는 산 중턱의 흙 벼랑에 구멍을 파서 둥지를 만든다.

파랑새목/물총새과

- ◆생활형/여름 철새
- ◆몸 길이/약 25cm
- ◆먹이/포유류(쥐), 파충류(도마뱀), 양서류(청개구리)
- ◆출현기/5~9월
- ◆분포/한국, 일본, 중국, 몽골, 동남 아시아, 러시아
- ※일본에서는 번식하지 않으며, 우리 나라에서는 강원도 철원에서 볼 수 있다.

▲ 먹이를 물고 있다.

▶ 연못에서 먹이를 찾고 있다.

파랑새목/물총새과

- ◆생활형 / 텃새
- ◆몸 길이 / 약 16cm
- ◆먹이 / 작은 물고기
- ◆출현기 / 사계절
- ◆분포 / 한국, 일본, 중국, 몽골, 동남 아시아, 러시아
- ※중부 내륙 지방의 개울가, 제주도의 가두리 양어장에서는 겨울에 쉽게 볼 수 있다.

물총새

학 명 : *Alcedo atthis*
영 명 : Common Kingfisher

머리와 등 부위는 밝은 청동색을 띠고, 가슴과 배 부위는 적황색을 띤다. 등 쪽은 암녹청색이고, 배 아래쪽은 선명한 녹청색, 눈 아래쪽과 귀깃은 밤색이며, 부리 위쪽은 검은색, 아래쪽은 귤빛, 다리는 붉은 산호색이다. 단독 또는 암수 함께 생활하며, 하천과 논, 바닷가, 호수 등에서 볼 수 있다. 물가의 언덕, 흙 벼랑 등에 구멍을 파서 둥지를 만든다.

산새

▲ 먹이를 찾고 있다.

후투티

학 명 : *Upupa epops*
영 명 : Common Hoopoe

윗등, 머리, 가슴은 황토색이며, 등과 날개에는 검은색에 흰무늬가 있다. 머리 위에는 황토색 우관이 있는데, 보통 우관은 머리 위에 접혀져 있으나 놀라거나 날 때에는 부채 모양으로 펴지므로 눈에 잘 띈다. 농경지, 들판 가까이의 숲 등에 서식하며, 때로는 인가의 지붕이나 처마 밑에서도 번식한다. 나뭇구멍이나 벼랑의 틈 등에 둥지를 만든다.

파랑새목/후투티과

◆생활형/여름 철새
◆몸 길이/약 28cm
◆먹이/땅강아지·굼벵이·유충 등이 곤충류, 딱정벌레류, 지렁이
◆출현기/3~9월
◆분포/한국, 중국, 몽골, 동남 아시아, 러시아, 유럽
※먹이를 먹을 때 긴 부리를 곡괭이같이 사용한다고 하여 '곡괭이새'로 알려졌다.

▲ 이동 중 외딴 섬에서 잠시 휴식하고 있다.

딱따구리목/딱따구리과

- ◆생활형 / 나그네새
- ◆몸 길이 / 약 17.5cm
- ◆먹이 / 곤충류
- ◆출현기 / 5월, 10월
- ◆분포 / 중국 북부, 몽골, 러시아

개미잡이

학 명 : *Jynx torquilla*
영 명 : Wryneck

'쇠딱따구리' 보다는 크고 '오색딱따구리' 보다는 작다. 등과 머리, 가슴 깃털의 모양이 특이하다. 등은 옅은 갈색, 배는 줄무늬가 있는 연한 황토색이며, 꼬리에는 가로줄 무늬가 있다. 주로 나뭇가지 위를 돌아다닌다. 과거에는 경기도 광릉의 산림 등 내륙 지방에서 볼 수 있었으나, 최근에는 전북 어청도 등 서해안 외딴 섬에서 이동 중인 개체를 매우 드물게 볼 수 있다.

▲ 나뭇가지에서 수액을 먹고 있다.

◀ 부화한 지 20일째 된 새끼새

쇠딱따구리

학 명 : *Dendrocopos kizuki*
영 명 : Japanese Pygmy Woodpecker

몸의 윗면은 짙은 길색, 등과 날개에는 흰 가로줄 무늬가 있으며, 아랫면은 탁한 흰색이다. 저지대에서 아고산대까지의 삼림에서 서식하며, 습성은 다른 딱따구리류와 같으나 몸이 작기 때문에 큰 나무가 없는 숲에서도 번식한다. 땅에 내려와 먹이를 먹는 일은 드물다. 가을, 겨울에는 보통 박새류 무리에 1~2마리가 섞여서 생활한다.

딱따구리목/딱따구리과

- ◆생활형 / 텃새
- ◆몸 길이 / 약 15cm
- ◆먹이 / 벌레, 곤충의 유충, 나무 열매
- ◆출현기 / 사계절
- ◆분포 / 한국, 일본, 중국
- ※딱따구리 종류 중 가장 작은 새이며, 나무 틈 속에서 작은 벌레를 잡아먹는 이로운 새이다.

▲ 나무에서 먹이를 찾고 있다.

◀ 등 가운데에 흰색의 큰 점이 있다.

딱따구리목/딱따구리과

- ◆생활형 / 겨울 철새
- ◆몸 길이 / 약 16cm
- ◆먹이 / 갑충, 곤충의 성충 및 유충
- ◆출현기 / 11~12월, 1~2월
- ◆분포 / 한국, 중국 동북 지방, 우수리
- ※경기도 광릉 산림에서 볼 수 있었으나 지금은 거의 사라지고 있다.

아물쇠딱따구리

학 명 : *Dendrocopos canicapillus*
영 명 : Grey-capped Pygmy Woodpecker

머리와 뺨은 갈색을 띠고, 가슴과 배는 때묻은 흰색에 줄무늬가 있으며, 등은 검은색 바탕에 흰 줄이 있다. 등 가운데에 흰색의 큰 점이 있어 다른 새와 쉽게 구별된다. 딱따구리 종류 중 매우 드물게 번식기에는 북쪽이나 높은 지역의 산림으로 이동한다. 추운 겨울 숲가에 쇠기름, 돼지기름 등을 달아 놓으면 불규칙적으로 찾아온다.

▲▲ 암컷
▲ 둥지에 있는 어린새
◀ 나무 위에서 경계하는 암컷

울도큰오색딱따구리

학 명 : *Dendrocopos leucotos takahshill*
영 명 : White backed Woodpecker

수컷은 눈 위에서부터 머리꼭대기까지가 붉은색이며, 암컷은 머리꼭대기가 검은색이다. '큰오색딱따구리'와 깃털이 매우 비슷하나 몸 길이는 작게 보이며, 몸의 형태가 뚱뚱해 보인다. 주로 상록수림에서 살며, 밭이나 마을 근처의 고목에 구멍을 파서 둥지를 만든다.

딱따구리목/딱따구리과

◆생활형 / 텃새
◆몸 길이 / 약 25cm
◆먹이 / 해충, 딱정벌레류, 나무 열매
◆출현기 / 사계절
◆분포 / 한국
※우리 나라 경북 울릉도에만 분포하는 특산 아종이다.

▲ 나무 열매의 씨를 먹는 암컷

▲ 암컷

딱따구리목/딱따구리과

- ◆생활형 / 텃새
- ◆몸 길이 / 약 28cm
- ◆먹이 / 곤충의 유충, 나무 열매
- ◆출현기 / 사계절
- ◆분포 / 한국, 중국, 몽골, 아무르, 사할린, 캄차카 반도, 오호츠크 해, 시베리아, 유럽 남부
- ※ '오색딱따구리'와 달리 배의 깃털에 얼룩무늬가 있다.

큰오색딱따구리

학 명 : *Dendrocopos leucotos quelpartensis*
영 명 : White-backed Woodpecker

가슴과 배의 깃털에 얼룩무늬가 있으며, 수컷은 부리 위 이마와 머리꼭대기에 붉은 깃털이 있다. 암컷은 머리꼭대기와 뒷머리가 수컷과 달라 검은색이며, 나머지는 수컷과 비슷하다. 오래 된 큰 활엽수림에서 단독 또는 암수가 함께 생활한다. 번식기에 죽은 나무를 쪼아 둥지를 만들고, 나뭇구멍을 파고 긴 혀를 이용해서 그 속에 있는 먹이를 잡아먹는다.

▲▲ 둥지에 있는 어린새
▲ 경계하는 수컷
◀ 먹이를 물고 있는 암컷

오색딱따구리

학 명 : *Dendrocopos major*
영 명 : Great Spotted Woodpecker

암컷은 머리꼭대기와 뒷머리가 검은색이지만 수컷의 뒷머리와 어린새의 머리꼭대기는 붉은색을 띤다. 등에 V자 모양의 커다란 흰색 무늬가 있다. 활엽수림, 침엽수림 등 다양한 곳에 서식한다. 도시 근처 숲 속 아카시나무, 벚나무, 참나무 등에 구멍을 파서 둥지를 만든다. 부리 끝으로 나무 줄기를 쪼아 구멍을 파고, 긴 혀를 이용해 그 속에 있는 먹이를 잡아먹는다.

딱따구리목/딱따구리과

◆생활형 / 텃새
◆몸 길이 / 약 25cm
◆먹이 / 곤충의 유충
◆출현기 / 사계절
◆분포 / 한국, 중국, 몽골, 아무르, 사할린, 캄차카 반도, 오호츠크 해, 시베리아, 유럽 남부
※딱따구리 종류 중에서 가장 흔한 텃새이다.

▲ 오래 된 참나무에서 먹이를 찾는 수컷

딱따구리목/딱따구리과

- ◆생활형 / 텃새
- ◆몸 길이 / 약 46cm
- ◆먹이 / 곤충류, 곤충의 유충
- ◆출현기 / 사계절
- ◆분포 / 한국
- ※딱따구리 종류 중 가장 크다. 경기도 광릉에 살다가 1972년에 사라진 것으로 추측된다. 천연기념물 제197호, 멸종위기야생동식물 I급

크낙새

학 명 : *Dryocopus javensis*
영 명 : White-bellied Woodpecker

수컷은 이마, 머리꼭대기, 뒷머리가 붉은색이며, 뺨선은 암적색이고 가슴, 배, 허리는 흰색을 띤다. 암컷은 수컷과 거의 같은 색이나 머리와 뺨에 붉은색이 없고, 머리는 광택이 나는 검은색을 띤다. 오래 된 상록수림에서 번식하며, 주로 죽은 나무에 구멍을 뚫어 둥지를 만든다. 번식기에는 텃세 행동이 매우 강하며, 세력권도 다른 딱따구리 종류에 비해 큰 편이다.

 ▲ 수컷
 ▲ 암컷

까막딱따구리

학 명 : *Dryocopus martius*
영 명 : Black Woodpecker

수컷은 이마에서 머리꼭대기를 지나 뒷머리까지는 광택이 나는 어두운 빨간색이다. 그 밖의 몸은 검은색이고, 암컷은 뒷머리에만 약간의 붉은 깃털이 있어 수컷과 쉽게 구별된다. 그 밖에는 수컷과 같다. 부리는 회백색으로 매우 단단하지만 어느 정도 편평하다. 오래 된 침엽수림과 활엽수림을 서식지로 선호하며, 나무에 구멍을 파서 둥지를 만든다. 최근에는 시골의 절이나 외딴 마을 부근에서도 가끔 번식한다.

딱따구리목/딱따구리과

◆생활형 / 텃새
◆몸 길이 / 약 45cm
◆먹이 / 곤충류, 곤충의 유충
◆출현기 / 사계절
◆분포 / 한국, 아시아, 유럽
※딱따구리 종류 중에서 '크낙새'와 함께 가장 크다. 천연기념물 제242호, 멸종위기야생동식물Ⅱ급

▲ 감을 먹는 수컷

딱따구리목/딱따구리과

- ◆생활형 / 텃새
- ◆몸 길이 / 약 29.5cm
- ◆먹이 / 곤충류, 곤충의 유충, 나무 열매
- ◆출현기 / 사계절
- ◆분포 / 한국, 일본, 중국, 몽골, 미얀마, 인도네시아, 시베리아, 유럽 중부, 스칸디나비아 반도
- ※딱따구리 종류 중 녹색을 띠고 있고 '큰오색딱따구리'보다 약간 크다.

청딱따구리

학 명 : *Picus canus*
영 명 : Grey-headed Woodpecker

수컷의 머리 앞부분은 빨간색, 뒷부분은 회록색이며 턱선은 검은색이다. 등과 어깨는 노란색을 띤 회록색이다. 암컷은 몸 전체가 회록색이고 머리 앞부분은 빨간색이 없고 잿빛이며, 검은색 세로 얼룩무늬가 있어 수컷과 구별된다. 산림과 우거진 임야에 서식하며, 오동나무, 참나무, 벚나무 등에 구멍을 뚫어 둥지를 만든다. 깊은 숲에 많이 번식하였으나 최근에는 시골 마을 부근 공원에서도 번식한다.

산새 75

▲ 둥지 부근에서 경계하고 있다.
◀◀ 아랫배는 붉은색을 띤다.
◀ 알을 품은 어미새

팔색조

학 명 : *Pitta nympha*
영 명 : Fairy Pitta

머리와 목은 흰색이며, 눈에는 굵은 검은 줄이 뒤로 나 있고, 머리꼭대기에는 밝은 갈색 줄이 뒤로 나 있다. 등 뒤와 날개는 밝은 녹색을 띠며, 하늘색 패치가 있다. 배는 밝은 연두색을 띤다. 이름처럼 깃털의 색이 다채롭고, 암수의 깃털은 동일하다. 단독 생활을 하며 경계심이 강하고 좀처럼 사람에게 모습을 보이지 않는다. 주로 해안의 상록수림이나 삼림이 울창한 곳에서 살며, 해안의 바위나 나뭇가지 위에 둥지를 튼다.

참새목/팔색조과

◆생활형/여름 철새
◆몸 길이/약 18cm
◆먹이/지렁이, 곤충류
◆출현기/6~9월
◆분포/한국, 아시아 동부·남부, 오스트레일리아

※경남 거제도에서만 번식하였으나 최근에는 경기도 용문산, 전남 보길도에서도 번식한다. 천연기념물 제204호, 멸종위기야생동식물Ⅱ급

▲ 암컷

◀ 수컷

참새목/할미새사촌과

- ◆생활형 / 여름 철새
- ◆몸 길이 / 약 20cm
- ◆먹이 / 곤충류, 곤충의 유충과 성충
- ◆출현기 / 4~9월
- ◆분포 / 한국, 일본, 동아시아의 시베리아와 중국 북동부에서 번식. 필리핀에서 월동
- ※날면서 울음소리를 내는 유일한 새로, 2000년 이후에는 거의 사라졌다.

할미새사촌

학 명 : *Pericrocotus divaricatus*
영 명 : Ashy Minivet

수컷은 머리꼭대기와 뒷머리에 검은 깃털이 있고 암컷은 없는 것이 특징이다. 이마, 뺨, 가슴, 배는 흰색을 띠며, 등부터 꼬리는 짙은 회색이다. 항상 수평으로 날아다니면서 울음소리를 내지만 8월 말이 되면 더 이상 울지 않는다. 번식기에는 암수가 함께 생활하나, 이동 시기에는 무리 생활을 한다. 외딴 시골 마을의 개울가나 밤나무가 있는 조용한 곳에서만 볼 수 있다. 밤나무의 높은 가지 사이에 둥지를 튼다.

▲ 둥지 부근에서 경계하는 수컷

◀ 나뭇가지에 앉아 쉬고 있다.

칡때까치

학 명 : *Lanius tigrinus*
영 명 : Tiger Shrike

수컷은 검은색의 굵은 눈선이 있으나, 암컷은 눈 앞에 기는 검은색 눈선이 있다. 부리는 높고 튼튼하며 쇳빛 검은색을 띤다. 콧구멍을 덮을 만큼 부리의 털이 길며 5~6개의 굵고 긴 수염이 있다. 동백나무와 같은 상록수림의 어두운 곳에 서식하며, 시야가 좋은 바위 위에 나뭇가지를 모아 둥지를 만들고 출입구는 수평으로 낸다. 산 속 농경지의 감소로 드물게 볼 수 있다.

참새목/때까치과

- ◆생활형 / 여름 철새
- ◆몸 길이 / 약 18cm
- ◆먹이 / 작은 물고기, 개구리, 지렁이, 곤충류
- ◆출현기 / 5~9월
- ◆분포 / 한국, 일본, 중국, 우수리

※1970년대에는 시골 논밭 부근의 개울가 덤불에서 흔히 볼 수 있었으나 2000년 이후 거의 사라졌다.

▲ 수컷

◀ 암컷

참새목/때까치과

- ◆생활형 / 텃새
- ◆몸 길이 / 약 20cm
- ◆먹이 / 작은 쥐, 개구리, 곤충류
- ◆출현기 / 사계절
- ◆분포 / 한국, 일본, 중국, 시베리아 동부, 러시아
- ※1970년대에 밭 근처나 작은 숲에서 흔히 볼 수 있었으나 2000년 이후부터는 간혹 볼 수 있다.

때까치

학 명 : *Lanius bucephalus*
영 명 : Bull-headed Shrike

암수의 빛깔이 서로 다르다. 수컷은 머리 위와 뒷목이 적갈색이고 검은색의 눈선과 황백색의 눈썹선이 있으며, 등은 회갈색, 날개는 연한 검은색 바탕에 흰색 줄무늬가 있고 꼬리는 흑갈색이다. 가슴과 배는 엷은 갈색을 띤 흰색이다. 암컷은 수컷보다 등이 진한 적갈색이며, 배에는 좁은 물결 모양의 옆무늬가 있다. 인가 부근의 잡목림이나 공원의 수목 등에서 서식하고, 나무 위에 둥지를 튼다.

▲ 부화한 지 1일째 된 새끼새   ▲ 수컷

노랑때까치

학 명 : *Lanius cristatus*
영 명 : Brown Shrike

수컷은 이마에서 머리꼭대기까지는 잿빛이고 등은 회갈색이다. 암컷은 이마 윗부분에서 머리꼭대기를 지나 등까지 고르게 회갈색을 띤다. 눈선은 검은색이고 가슴과 배는 흰색이다. 날개 끝은 검은데, 암컷은 갈색이 섞여 있다. 꼬리는 등에 비해 밝은 갈색을 띤다. 암수가 함께 생활하는 범위가 좁아 숲이나 관목에서의 서식 밀도가 높은 편이다. 번식이 끝나면 가족군으로 생활한다.

참새목/때까치과

- ◆생활형 / 여름 철새
- ◆몸 길이 / 약 18cm
- ◆먹이 / 소형 조류, 물고기, 설치류, 곤충류
- ◆출현기 / 5~9월
- ◆분포 / 한국, 일본, 중국 동부에서 번식. 동남 아시아에서 월동
- ※이동 시기인 매년 5월 초에 남부 지방의 섬에서 볼 수 있다.

▲ 이동 중 길을 잃어 찾아온다.

참새목/때까치과

- ◆생활형 / 미조
- ◆몸 길이 / 약 25cm
- ◆먹이 / 소형 파충류, 소형 조류, 설치류, 곤충류
- ◆출현기 / 5월
- ◆분포 / 한국, 인도, 뉴기니섬. 주로 적도 지방이나 열대 지방에 서식
- ※이동 시기인 매년 5월 초에 남부 지방의 섬에서 1~2마리를 볼 수 있다.

긴꼬리때까치

학 명 : *Lanius schach*
영 명 : Long-tailed Shrike

머리와 머리꼭대기의 깃털은 진주빛을 띤 회색이고, 얼굴은 전체적으로 검다. 몸의 아랫면은 흰색이지만 옆구리는 적갈색이다. '큰재개구마리'에 비해 몸집은 날씬하지만 꼬리는 길고 그 가장자리는 적갈색이다. 부리와 다리는 검은색에 가깝다. 다른 때까치 종류와 같이 먹이를 포획한 후 세력권 주변의 뾰족한 나뭇가지에 먹이를 꽂아 두는 습성이 있다.

▲ 이동 중 휴식하고 있다.

◀ 먹이를 찾고 있다.

큰재개구마리

학 명 : *Lanius excubitor*
영 명 : Great Grey Shrike

수컷의 이마, 머리꼭대기, 뒷머리, 뒷목, 등은 잿빛, 이마 앞끝 부분은 흰색을 띤다. 암컷의 이마, 머리꼭대기, 뒷머리는 회갈색이고 머리의 눈선은 갈색이며, 배는 흰색으로 가는 가로띠가 여러 개 있고 나머지는 수컷과 같다. 평지나 초지의 나무꼭대기나 전깃줄에 몸을 똑바로 하고 앉아 꼬리를 끊임없이 상하로 움직이면서 먹이를 찾는다. 번식기에는 침엽수림을 선호한다.

참새목/때까치과

- ◆생활형 / 겨울 철새
- ◆몸 길이 / 약 24.5cm
- ◆먹이 / 쥐, 참새, 개구리, 도마뱀, 딱정벌레류, 곤충류, 거미류
- ◆출현기 / 11~12월, 1~2월
- ◆분포 / 사할린, 쿠릴 열도에서 번식. 일본 북부에서 월동
- ※예전에는 '큰물때까치'라고 했다. 강원도 철원에서 볼 수 있다.

▲ 나뭇가지에 앉아 주위를 살피고 있다.

참새목/때까치과

- ◆생활형 / 겨울 철새
- ◆몸 길이 / 약 31cm
- ◆먹이 / 작은 쥐
- ◆출현기 / 11~12월, 1~2월
- ◆분포 / 몽골, 북부 시베리아, 티베트에서 번식. 중국 중남부와 한국에서 월동
- ※때까치 종류 중 가장 크다. 강원도 철원과 전남 바닷가에서 간혹 볼 수 있다.

물때까치

학 명 : *Lanius sphenocercus*
영 명 : Chinese Grey Shrike

등은 옅은 회색, 배는 흰색이나 가을에는 가슴과 옆구리의 털빛이 장미색으로 변한다. 눈선은 굵고 검은색이다. 눈동자는 갈색이고 다리는 검은색이다. 겨울깃은 흰색이다. 한 마리씩 다니며, 논밭 근처의 나뭇가지에 앉아 주위를 살피다가 땅바닥에 있는 작은 쥐 등을 잡아먹는다. 번식기에는 나무가 많은 숲 속보다는 외진 나무를 선택하여 둥지를 튼다.

▲ 새끼에게 먹이를 주는 수컷

꾀꼬리

학 명 : *Oriolus chinensis*
영 명 : Black-naped Oriole

몸 전체는 노란색이고, 눈에서 머리까지 검은색의 띠가 있다. 수컷이 암컷보다 너비가 넓고 색이 선명하다. 부리는 붉은색을 띤다. 어린새는 노란 앞가슴에 검은 점들이 있다. 암수 또는 단독으로 주로 나무 위에서 생활한다. 번식기에는 매우 변화가 많은 소리를 낸다. 주로 시골의 마을 뒷산 활엽수림이 우거진 상수리나무 높은 가지 사이에 마른 풀잎을 엮어서 컵 모양의 둥지를 만든다.

참새목/꾀꼬리과

- ◆생활형 / 여름 철새
- ◆몸 길이 / 약 25cm
- ◆먹이 / 곤충류, 앵두나 버찌 등의 나무 열매
- ◆출현기 / 5~9월
- ◆분포 / 한국, 중국, 인도차이나 반도, 미얀마
- ※2000년을 전후하여 개체 수가 현저히 감소하여 최근에는 꾀꼬리 둥지를 찾기가 매우 어렵다.

▲ 이동 중 외딴 섬에서 쉬고 있다.

◀ 어린새

참새목/바람까마귀과

- ◆생활형/미조
- ◆몸 길이/약 30cm
- ◆먹이/곤충류(메뚜기)
- ◆출현기/5월
- ◆분포/중국, 인도, 이란, 아시아 남동부
- ※이동 시기인 5월 초에 남부 지방의 섬이나 육지 부근에서 매우 드물게 볼 수 있다.

검은바람까마귀

학 명 : *Dicrurus macrocercus*
영 명 : Black Drongo

몸 전체는 약간 반짝이는 검은색이며, 제비와 비슷하게 생겼다. 긴 꼬리가 깊이 갈라져 있는 것이 특징이다. 주로 전봇대나 전깃줄에 앉아 있는 모습을 볼 수 있다. 번식기에는 열린 공간이 있는 숲을 선호하며, 나무에 컵 모양의 둥지를 만든다. 공격성이 강하고, 깃털이 검기 때문에 쉽게 눈에 띈다고 알려져 있다.

▲ 새끼를 돌보는 수컷

삼광조

학 명 : *Terpsiphone atrocaudata*
영 명 : Japanese Paradise Flycatcher

수컷은 작은 몸집에 꼬리 길이가 30cm 정도로 길어서 특이한 모양이다. 눈 가장자리는 진한 파란색이며, 배는 흰색, 등과 꼬리는 진한 흑갈색이다. 암컷은 꼬리가 짧고, 배는 흰색, 등과 꼬리는 연한 흑갈색이다. 암수 모두 머리는 연한 검은색이다. 상록수림 덤불이 많은 산림에 서식하며, 덩굴 식물이 많은 높은 가지에 작은 둥지를 튼다. 주로 남해안에서 많이 볼 수 있다.

참새목/까치딱새과

- ◆생활형 / 여름 철새
- ◆몸 길이 / 수컷 약 45cm, 암컷 약 17.5cm
- ◆먹이 / 곤충류
- ◆출현기 / 5~9월
- ◆분포 / 한국, 일본, 중국, 인도네시아
- ※세 가지의 특이한 색을 가지고 있어서 '삼광조(三光鳥)'란 이름이 붙여졌다. 멸종위기야생동물Ⅱ급

▲ 먹이를 찾고 있다.

▲ 감을 먹고 있다.

참새목/까마귀과

- 생활형 / 텃새
- 몸 길이 / 약 35cm
- 먹이 / 곤충류, 지렁이, 열매, 도토리, 곡류
- 출현기 / 사계절
- 분포 / 유라시아 대륙의 중위도 지역 일대

※ 이른 봄 번식기에는 숲에서 다양한 동물들의 울음소리를 흉내내며 작은 새의 새끼를 잡아먹는다.

어치

학 명 : *Garrulus glandarius*
영 명 : Eurasian Jay

머리 위는 희고 검은 세로 반점이 있으며, 등과 아랫부분은 포도색, 꼬리깃은 길고 검다. 허리가 흰색이어서 날 때에 흰 띠를 이루며, 날개 기부에 파랑과 검정 줄무늬가 있다. 가을철에 트인 숲으로 이동하며, 촌락이나 도시에서도 볼 수 있다. 겨울에 도토리를 주워 물가에 숨겼다가 다시 찾아 먹을 수 있을 정도로 영리하다. 나뭇가지 위에 작은 가지들을 모아 둥지를 튼다.

▲ 알   ▲ 숲 속에서 먹이를 찾고 있다.

물까치

학 명 : *Cyanopica cyanus*
영 명 : Azure-winged Magpie

다른 까마귀 종류에 비해 화려한 하늘색 날개와 가늘고 긴 꼬리가 있다. 머리는 눈 위로 검은색을 띠고 등과 배는 짙은 회색이다. 부리와 다리는 검은색이다. 시골의 마을 부근에서 흔히 볼 수 있으며, 특히 다래나무가 많은 숲에 둥지를 튼다. 최근에는 도시 부근에서도 볼 수 있다. 번식기 외에는 7마리 내외의 작은 무리를 지어 생활한다.

참새목/까마귀과

- ◆생활형 / 텃새
- ◆몸 길이 / 약 37cm
- ◆먹이 / 곤충류, 콩, 옥수수, 감자, 과일
- ◆출현기 / 사계절
- ◆분포 / 한국, 일본, 중국, 시베리아 반도, 바이칼 호 지방
- ※토끼, 청설모, 두더지 등도 공격해서 잡아먹기도 하는 사나운 조류이다.

▲ 드물게 나타나는 변종인 흰까치

▲ 물가에서 휴식하고 있다.

참새목/까마귀과

까치

학 명 : *Pica pica*
영 명 : Common Magpie

- 생활형 / 텃새
- 몸 길이 / 약 46cm
- 먹이 / 작은 쥐, 작은 물고기, 곤충류, 과일, 곡류, 음식 찌꺼기
- 출현기 / 사계절
- 분포 / 한국, 일본, 중국, 유럽, 북아메리카
※ 과수원의 열매를 먹어 사람들의 미움을 사고 있다.

머리, 등, 가슴, 꼬리는 광택이 나는 군청색을 띠며, 배는 흰색이다. 부리와 다리는 검은색이며, 암컷과 수컷의 색깔이 같다. 마른 나뭇가지를 이용하여 높은 나뭇가지나 전봇대 등에 둥지를 튼다. 도시 정원과 농촌 등 주로 평지에서 생활한다. 외딴 섬에서는 보기 어렵다. 대개 단독 생활을 할 때가 많고, 사람과도 쉽게 접촉한다.

▲ 이동 중 길을 잃어 잠시 쉬고 있다.

붉은부리까마귀

학 명 : *Pyrrhocorax pyrrhocorax*
영 명 : Red-billed Chough

몸 전체가 광택이 나는 검은색을 띠며, 부리와 다리는 붉은색이다. 까마귀 종류 중 부리가 붉기 때문에 쉽게 구별된다. 몽골에서는 주택의 높은 탑이나 강가 버드나무류 가지 사이에 까치 둥지같이 가지를 모아 큰 사발형의 둥지를 만드는데, 한 나무에 2~5개의 둥지도 관찰되었다. 울음소리가 커서 쉽게 찾을 수 있다.

참새목/까마귀과

- 생활형 / 미조
- 몸 길이 / 약 40cm
- 먹이 / 양고기, 말고기, 쇠고기, 다람쥐 등 작은 동물
- 출현기 / 11~12월, 1~3월
- 분포 / 몽골과 그 주변 국가

※ 8월 중순부터 가을까지 중국의 남서부 지방으로 대이동을 한다. 우리 나라에는 극히 드문 미조이다.

▲ 떼까마귀 무리와 함께 이동 중이다(백색형).

참새목/까마귀과

- ◆생활형 / 겨울 철새
- ◆몸 길이 / 약 33cm
- ◆먹이 / 곤충류, 열매, 곡류
- ◆출현기 / 11~12월, 1~3월
- ◆분포 / 한국, 일본, 중국, 시베리아, 타이완
- ※ '떼까마귀'와 무리를 지어 날아다니므로 무리에서 눈에 띄게 작은 것이 '갈까마귀'이다.

갈까마귀

학 명 : *Corvus dauuricus*
영 명 : Daurian Jackdaw

흑색형은 몸 전체가 검으며, 백색형은 뒷목, 옆목, 가슴과 배가 흰색이다. 여름이 되면 검은 부분이 다소 갈색을 띤다. 날 때에는 날개를 빠른 속도로 펄럭이며 신속하게 비상한다. 언제나 무리 생활을 하며, 번식기에는 여러 둥지를 볼 수 있다. '떼까마귀' 무리에서 백색형 갈까마귀 1~2마리를 볼 수 있는데, 백색형은 매우 드물다.

▲ 전깃줄에 앉아 있다.

떼까마귀

학 명 : *Corvus frugilegus*
영 명 : Rook

수컷의 겨울깃은 몸 전체가 자주색 광택이 강한 검은색이다. 다른 까마귀류와 달리 부리 주위의 피부에 털이 없어 잿빛, 흰색의 피부가 드러나 있고 약간의 솜털이 있다. 암컷은 수컷과 비슷하나 몸집이 조금 작은 편이다. 부리는 가늘고 검은색이며 끝이 뾰족하다. 평지, 개활지, 농경지 부근의 숲, 나무 위에 서식하는데, 수십 마리에서 수백 마리씩 무리를 이룬다.

참새목/까마귀과

- ◆생활형 / 겨울 철새
- ◆몸 길이 / 약 47cm
- ◆먹이 / 쥐, 새의 알, 곤충류, 곡류. 겨울에는 채소, 보리, 푸른 식물, 사과
- ◆출현기 / 11~12월, 1~3월
- ◆분포 / 시베리아에서 번식. 한국, 중국에서 월동
- ※매년 겨울 큰 무리를 지어 찾아오는 대표적인 철새이다. 경북 대화강에 많다.

▲ 부화한 지 8일째 된 새끼새 ▲ 먹이를 찾고 있다.

참새목/까마귀과

- ◆생활형 / 텃새
- ◆몸 길이 / 약 50cm
- ◆먹이 / 새의 알, 들쥐, 갑각류, 벌, 파리, 딱정벌레 등의 곤충류
- ◆출현기 / 사계절
- ◆분포 / 남아프리카, 뉴질랜드를 제외한 전세계. 한국의 남단 지역에서 월동
- ※흔히 볼 수 있었으나 최근에는 드물게 볼 수 있다.

까마귀

학 명 : *Corvus corone*
영 명 : Carrion Crow

몸 전체가 광택이 나는 검은색을 띤다. 부리는 굵고 머리 크기보다 약간 작으며, 윗부리 끝이 아래로 굽어 있다. 평지에서 깊은 산 속에 이르는 침엽수나 높은 절벽에서 번식하지만 둥지를 찾기는 어렵다. '떼까마귀'와 달리 독립성이 강하며, 번식기에는 1~2쌍을 볼 수 있다. 그러나 월동기에는 무리를 짓기 시작하여 북부의 번식 집단이 남하하는 10월 이후에는 큰 무리를 볼 수 있다.

▲ 추운 겨울에 나뭇가지에 앉아 휴식하고 있다.

큰부리까마귀

학 명 : *Corvus macrorhynchos*
영 명 : Large-billed Crow

암컷과 수컷은 비슷하지만 암컷이 약간 작다. 몸 전체가 광택이 나는 검은색이다. 부리는 머리의 크기와 비슷하고, 굵고 검은색이며 심하게 구부러져 있어 '까마귀'와 구별된다. 날개를 완만하게 펄럭여서 직선으로 난다. 번식기에는 높은 침엽수에 둥지를 튼다. 번식기 이외에도 암수가 함께 생활한다. 주로 고산 지대에 산다. 강원도 설악산이나 제주도의 어리목산장에서 많은 개체가 번식하고 있다.

참새목/까마귀과

- ◆생활형 / 텃새
- ◆몸 길이 / 약 56.5cm
- ◆먹이 / 잡초, 곡류, 과일 등 식물성과 작은 포유류, 어류, 양서류, 곤충류 등의 동물성
- ◆출현기 / 사계절
- ◆분포 / 한국, 일본, 중국, 러시아
- ※까마귀 종류 중 가장 크다.

▲ 꼬리 끝은 노란색을 띤다. ▲ 무리지어 휴식하고 있다.

참새목/여새과

- ◆생활형 / 겨울 철새
- ◆몸 길이 / 약 20cm
- ◆먹이 / 향나무 씨, 찔레나무 열매, 곤충류
- ◆출현기 / 11~12월, 1~3월
- ◆분포 / 일본, 중국, 러시아, 중동, 유럽에서 번식
- ※2000년 전후부터 거의 찾아보기 어렵다.

황여새

학 명 : *Bombycilla garrulous*
영 명 : Bohemian Waxwing

몸은 전체적으로 갈색을 띠고 통통하며, 눈 옆과 턱 밑, 날개는 검은색이다. 깃털은 부드럽고, 머리의 관과 날개, 꼬리의 노란색 깃털이 아름답다. 암수는 비슷하여 구별하기 어렵다. 주로 침엽수림이나 낙엽 활엽수림에서 무리지어 산다. 번식기에는 활엽수림 가지에 둥지를 튼다.

▲ 꼬리 끝은 붉은색을 띤다.　　▲ 주로 나무 위에서 생활한다.

홍여새

학 명 : *Bombycilla japonica*
영 명 : Japanese Waxwing

'황여새'보다 작다. 몸은 전체적으로 갈색이고, 뺨은 붉고 배는 노란색을 띤다. 꼬리 끝과 날개에 붉은 점이 있다. 암컷과 수컷은 비슷하나 암컷이 전체적으로 옅은 색이며, 각 부분의 붉은색 범위도 좁다. 주로 나무 위에서 생활한다. 이전에는 개체 수가 많아 잡아서 관상용으로 기를 정도였으나 최근에는 거의 수년째 관찰되지 않는 희귀한 새이다.

참새목/여새과

- ◆생활형 / 겨울 철새
- ◆몸 길이 / 약 18cm
- ◆먹이 / 관목의 열매, 마른 과일, 곤충류
- ◆출현기 / 11~12월, 1~3월
- ◆분포 / 한국, 일본, 중국, 러시아

※꼬리 끝의 깃털과 날개에 붉은 점이 있어서 '홍여새'라고 한다.

▲ 수컷

▶▶ 먹이를 물고 있는 어미새
▶ 부화한 지 3일째 된 새끼새

참새목/박새과

박새

학 명 : *Parus major*
영 명 : Great Tit

◆생활형 / 텃새
◆몸 길이 / 약 15cm
◆먹이 / 여름에는 산림에 해로운 곤충, 겨울에는 쇠기름, 돼지기름, 열매, 풀씨
◆출현기 / 사계절
◆분포 / 한국, 일본, 러시아
※우리 나라에는 '참새' 다음으로 산림에 많은 종이며, 전세계에 많은 아종이 있다.

뺨은 희고 머리는 검으며, 목부터 가슴, 아랫배까지 긴 검은 줄이 있다. 목 뒤의 등은 노란색과 파란색이다. 암수는 구별하기 어렵다. 겨울에는 크고 작은 무리를 이루어 지내고, 번식기에는 암수 1쌍으로 나뉘어 강한 세력권을 형성한다. 나뭇구멍을 둥지로 쓰지만, 굵은 나무들이 사라지면서 인공 새집에서도 번식이 잘 되는 것으로 알려져 있다.

▲ 나뭇가지에서 휴식하고 있다.
◀◀ 먹이를 찾고 있다.
◀ 부화한 지 3일째 된 새끼새

진박새

학 명 : *Parus ater*
영 명 : Coal Tit

검은 머리 위에 댕기가 있고, 날개에 흰 점이 있으며, 가슴과 배는 약간 노란색을 띤다. 턱에는 큰 검은 점이 있으며, 암수는 구별하기 어렵다. 산림이 있는 밭에서 서식하며, 절 주변의 전봇대 꼭대기 구멍, 기왓장 구멍, 돌담 구멍 등과 같은 인공 구조물에 번식한다. 겨울에는 인가 주변에서도 쉽게 볼 수 있다.

참새목/박새과

- ◆생활형 / 텃새
- ◆몸 길이 / 약 10cm
- ◆먹이 / 곤충류, 열매, 씨
- ◆출현기 / 사계절
- ◆분포 / 한국, 아시아 중동부, 동남 아시아의 최남단
- ※박새 종류 중 가장 작은 종이며, '쇠박새'보다 깊은 산림에 서식한다.

▲ 제삿밥을 먹고 있다.

▶ 소리를 내며 경계하고 있다.

참새목/박새과

- ◆생활형 / 텃새
- ◆몸 길이 / 약 14cm
- ◆먹이 / 곤충류, 나무 열매
- ◆출현기 / 사계절
- ◆분포 / 한국, 일본, 중국 둥베이
- ※잣이나 땅콩, 들깨, 쇠기름 등을 좋아하며, 사람을 잘 따른다.

곤줄박이

학 명 : *Parus varius*
영 명 : Varied Tit

진한 황토색과 회색의 등을 가지고 있어 아름답다. 머리꼭대기와 턱 밑은 검은색이며, 가슴과 배는 황토색이다. 암수는 구별하기 어렵다. 활엽수림에서 살며, 딱따구리의 묵은 집이나 썩은 나뭇구멍에 이끼를 깔고 알 자리에는 짐승의 털, 새털 등을 깐다. 산림에서 흔히 볼 수 있다.

산새

▲ 이른 봄 노래하고 있다.

쇠박새

학 명 : *Parus palustris*
영 명 : Marsh Tit

머리에 검은 털이 있고, 등, 배, 꼬리 등은 흐린 회색을 띠어 '진박새'와 쉽게 구별된다. 턱에 작은 검은 점이 있으며, 암수는 구별하기 어렵다. 단독 또는 암수가 한 쌍을 이루어 지내며, 겨울에는 다른 무리와 섞여 지내기도 한다. 주로 활엽수가 많은 숲 속에서 서식하며, 번식기에는 세력권을 지키는 성질을 강하게 나타낸다. 나뭇구멍이나 갈라진 틈에 둥지를 만든다.

참새목/박새과

- 생활형 / 텃새
- 몸 길이 / 약 12cm
- 먹이 / 곤충류, 과일, 씨, 풀씨, 쇠기름, 돼지기름
- 출현기 / 사계절
- 분포 / 한국, 일본, 중국, 러시아

※ 산림에서 가장 흔히 볼 수 있다. 겨울에는 큰 무리를 지어 다니기 때문에 주변에서 쉽게 볼 수 있다.

▲ 암컷

▶ 수컷

참새목/스윈호오목눈이과

- ◆생활형/나그네새
- ◆몸 길이/약 11cm
- ◆먹이/곤충류, 거미류
- ◆출현기/봄, 가을
- ◆분포/중국 동부 및 동북 지방. 겨울에는 남쪽으로 이동하여 월동
- ※특히 가을에 갈대밭에서 흔히 볼 수 있는데, 부산 을숙도나 충남 서산 천수만에서 쉽게 볼 수 있다.

스윈호오목눈이

학 명 : *Remiz pendulinus*
영 명 : Penduline Tit

몸이 매우 작고, 깃털이 거의 낙엽색이다. 머리는 회색이며, 눈 주변의 깃털은 수평으로 검은 줄이 있는 것이 특징이다. 암컷은 수컷과 달리 머리꼭대기에 회색 깃털이 없다. 이동 시기에 갈대밭 사이로 이동하기 때문에 눈에 잘 띄지 않는다. 가을에 갈대밭에서 송곳 같은 작은 부리로 갈댓잎을 쪼아 그 속에 있는 해충을 잡아먹는 매우 이로운 새이다.

▲ 이동 중 제비 무리에서 드물게 볼 수 있다.

◀ 휴식하고 있다.

갈색제비

학 명 : *Riparia riparia*
영 명 : Collared Sand Martin

등은 회색이며, 꼬리가 짧은 것이 특징이다. 턱 밑, 가슴, 배 부분은 흰색이고, 나머지는 흐린 흑갈색이다. 암수는 구별하기 어렵다. 제비들의 대집단 이동시 전깃줄에 앉은 개체를 볼 수 있으며, 그 밖의 이동 시기에는 관찰하기 어렵다. 집단으로 번식하는데, 번식기에는 호수와 하천의 모래밭에서 산다. 모래벽에 구멍을 파고 짐승의 털, 새털, 마른 풀로 둥지를 만든다.

참새목/제비과

◆생활형 / 나그네새
◆몸 길이 / 약 12.2cm
◆먹이 / 곤충류
◆출현기 / 9~10월
◆분포 / 한국, 일본, 중국, 몽골, 러시아

※제비 무리에서 적은 수를 볼 수 있으며, 몽골에서는 다리 밑에서 많은 개체가 번식한다.

▲ 휴식하고 있다.
◀ 터널식 주머니 모양의 둥지

참새목/제비과

◆ 생활형 / 여름 철새
◆ 몸 길이 / 약 19cm
◆ 먹이 / 곤충류
◆ 출현기 / 5~9월
◆ 분포 / 한국, 일본, 중국, 러시아, 동남 아시아
※ 시골에서는 '맥매구리'라고 하며, 집에 둥지를 틀면 하는 일마다 잘 안 풀린다고 하여 둥지를 뜯어 낸다.

귀제비

학 명 : *Cecropis daurica*
영 명 : Red-rumped Swallow

'제비'보다 크고, 비행시 허리에 황토색 패치가 있다. 머리꼭대기, 등, 날개, 꼬리는 검은색이고 턱 밑, 가슴, 배는 황갈색으로 검은 세로줄 무늬가 있다. 암수 같은 빛깔을 띤다. 주로 날아다니는 곤충을 잡아먹고 산다. 둥지는 처마 밑에 터널식 주머니 모양으로 만드는 것이 다른 제비 종류와 다르다. 최근 초가 지붕에서 시멘트 지붕으로 바뀜에 따라 개체 수가 차츰 줄어들고 있다.

▲▲ 주위를 살피고 있다.
▲ 알
◀ 새끼를 돌보는 어미새

제비

학 명 : *Hirundo rustica*
영 명 : Barn Swallow

몸 전체가 광택이 나는 어두운 군청색이며, 가슴과 배는 흰색, 이마와 턱은 붉은색이다. 꼬리 밑에 흰 무늬가 있다. 암수는 구별하기 어렵다. 첫 번째 번식한 새끼들이 떠나면 둥지를 보수하여 두 번째 번식을 한다. 제비의 암수는 둥지 부근에 한 쌍이 관찰될 때 꼬리가 긴 개체가 수컷이다. 처마 밑에 진흙과 풀을 섞어 둥지를 만든다.

참새목/제비과

◆생활형 / 여름 철새
◆몸 길이 / 약 18cm
◆먹이 / 잠자리류
◆출현기 / 4~9월
◆분포 / 한국, 일본, 중국, 러시아, 동남 아시아

※우리 나라에서 번식한 무리는 대부분 타이의 방콕에서 월동하며, 약 40% 정도가 이듬해 다시 찾아온다.

▲▲ 새끼를 돌보는 어미새 ▲ 둥지 ▲ 둥지 부근에서 경계하고 있다.

참새목/오목눈이과

- 생활형 / 텃새
- 몸 길이 / 약 14cm
- 먹이 / 곤충류, 거미류, 풀씨
- 출현기 / 사계절
- 분포 / 한국, 일본, 중국

※ 외딴 시골에서 쉽게 볼 수 있다.

오목눈이

학 명 : *Aegithalos caudatus*
영 명 : Long-tailed Tit

머리꼭대기와 턱, 가슴은 흰색이며, 꼬리가 가늘고 길다. 눈에서 목덜미, 등, 어깨, 날개, 꼬리는 검은색이다. 암수는 구별하기 어렵다. 번식기에는 암수가 짝을 지어 지내며, 번식 후에는 10~20여 마리가 무리를 지어 생활한다. 마을 근처의 산림에서 흔히 볼 수 있으며, 이른 봄에 암수가 마을 근처의 큰 향나무의 나뭇가지에 이끼와 거미줄로 원형의 둥지를 만든다.

▲ 겨울에 매우 드물게 볼 수 있다.
◀ 주위를 경계하고 있다.

흰머리오목눈이

학 명 : *Aegithalos caudatus magnus*
영 명 : Long-tailed Tit

'오목눈이'와 비슷하나 머리 전체가 흰색이다. 턱, 가슴은 흰색이고, 뒷목, 등, 어깨, 날개는 검은색이다. 꼬리는 검은색이고 길다. 부리는 짧고 강한 편이다. 암수는 구별하기 어렵다. 초가을에 매우 드물게 4~5마리가 몰려다니며, 주로 불규칙하게 겨울에도 간혹 볼 수 있다.

참새목/오목눈이과

◆생활형 / 미조
◆몸 길이 / 약 14cm
◆먹이 / 곤충류, 씨
◆출현기 / 10~12월, 1~2월
◆분포 / 중국, 몽골, 러시아
※1970년 전후에는 쉽게 볼 수 있었으나 2000년을 전후해서는 매우 드물게 관찰된다.

▲ 이동 중 길을 잃어 찾아온다.

참새목/종다리과

- ◆생활형 / 미조
- ◆몸 길이 / 약 14cm
- ◆먹이 / 곤충류, 거미류, 풀씨
- ◆출현기 / 11~12월, 1월
- ◆분포 / 중국 서쪽, 몽골, 인도 북부, 미얀마
- ※전북 어청도, 전남 흑산도 등지에서 1~2마리를 볼 수 있다.

쇠종다리

학 명 : *Calandrella brachydactyla*
영 명 : Greater Short-toed Lark

다른 종다리류와 달리 목 밑과 배는 밝은 올리브색을 띠며, 목 부위가 약간의 검은 깃으로 분리되어 있는 것이 특징이다. 주로 초원이나 경작지에서 서식하며, 번식기에는 풀 속의 바닥에 둥지를 튼다. 이동 시기에 남해안 도서 지방에서 흔하지 않게 볼 수 있으며, 추운 겨울에 논에서 볍씨를 까먹는 것을 볼 수 있다.

▲ 한겨울 눈 속에서 먹이를 찾고 있다.

북방쇠종다리

학 명 : *Calandrella cheleensis*
영 명 : Asian Short-toed Lark

'종다리'보다 작고 생김새가 거의 비슷하다. 머리 꼭대기에 댕기깃이 없는 것이 특징이다. 종다리의 겨울 무리와 같이 수백 마리가 무리지어 다닌다. 번식기는 1년에 두 번으로 4월 중순과 6월이며, 강바닥같이 움푹 팬 곳에 풀줄기를 모아 둥지를 튼다. 추운 겨울 눈이 많이 올 때 주로 논에서 큰 무리를 볼 수 있다.

참새목/종다리과

- ◆생활형 / 겨울 철새
- ◆몸 길이 / 약 14cm
- ◆먹이 / 곤충류, 거미류, 풀씨
- ◆출현기 / 1~2월
- ◆분포 / 한국, 중국, 몽골
- ※한겨울에 경기도 안산 외곽에서 200여 마리가 논의 볍씨를 쪼아 먹고 있는 것을 볼 수 있다.

▲ 먹이를 물고 있는 어미새

▶ 새끼새

참새목/종다리과

- ◆생활형 / 텃새
- ◆몸 길이 / 약 17cm
- ◆먹이 / 작은 메뚜기, 풀씨
- ◆출현기 / 사계절
- ◆분포 / 한국, 중국, 유럽
- ※ 매우 드문 토종 새이다. 2003년 봄부터 충남 서산 천수만에서 매년 같은 한 쌍이 번식하고 있다. 멸종위기야생동식물 II급

뿔종다리

학 명 : *Galerida cristata coreensis*
영 명 : Crested Lark

몸 크기나 깃털이 '종다리'와 비슷하다. 머리꼭대기에 댕기깃이 있어서 쉽게 구별되며, 암수 구별은 번식할 때 댕기깃이 긴 것이 수컷이고 짧은 것은 암컷이다. 번식기에 바닷가 나지막한 산 밑 자갈과 풀밭이 있는 곳에 둥지를 튼다. 번식기 때 주변에 천적이나 사람이 접근하면 주로 수컷이 경계한다.

▲ 둥지 부근에서 경계하고 있다.
◀◀ 둥지를 떠난 어린새
◀ 알

종다리

학 명 : *Alauda arvensis*
영 명 : Eurasian Skylark

이른 봄 깃털은 황갈색을 띠어 눈에 잘 보이지 않는다. 머리에는 댕기깃이 있다. 번식기에 주로 공중을 날면서 길고 연속적으로 노래하는 것이 특징이다. 둥지는 지면에서 밑으로 만들기 때문에 쉽게 눈에 띄지 않는다. 번식 후 겨울에 논에서 무리지어 벼 이삭을 주워 먹는 것을 볼 수 있다. 강가의 풀밭, 보리밭, 밀밭 등지에서 서식한다.

참새목/종다리과

◆생활형 / 텃새
◆몸 길이 / 약 18cm
◆먹이 / 풀씨, 곤충류
◆출현기 / 사계절
◆분포 / 한국, 일본, 중국, 몽골, 이란 등 아시아, 유럽, 아프리카 서북부
※서식지인 보리밭이 감소하여 매우 드물게 관찰된다.

▲ 새끼에게 먹이를 주는 어미새

▲ 먹이를 물고 있는 암컷

참새목/개개비사촌과

개개비사촌

학 명 : *Cisticola juncidis*
영 명 : Fan-tailed Cisticola

◆생활형/여름 철새
◆몸 길이/약 18cm
◆먹이/곤충류
◆출현기/5~9월
◆분포/한국, 일본, 중국, 몽골
※강가나 호숫가에서 흔히 볼 수 있는데, 경기도 안산 시화호나 충남 서산 천수만의 숲지, 부산 을숙도 주변에 많다.

몸 전체가 엷은 황갈색을 띠며, 몸통 부분에는 검은색 줄이 여러 개 있다. 꼬리는 긴 타원형으로, 노래할 때 위로 향한다. 짧은 풀들로 이루어진 초원에서 풀 줄기에 둥지를 틀고, 사람이나 천적이 접근하면 풀 줄기 꼭대기에 앉아서 요란하게 경계 행동을 보인다. 우리 나라에는 넓은 강가나 해안 간척지의 초원에 찾아와 번식한다.

▲ 주위를 살피고 있다.

▲ 울음소리가 시끄러운 편이다.

직박구리

학 명 : *Microscelis amaurotis*
영 명 : Brown-eared Bulbul

몸의 깃딜은 검은 회색이며, 뺨에는 황토색 점이 있다. 꼬리는 길고 몸매는 날씬하며, 암수의 몸 색깔이 같다. 물결 모양으로 날며, 5~8월이 되면 향나무 숲 속의 낮은 가지에 풀 줄기를 모아 사발 모양의 둥지를 만든다. 우리 나라에는 적은 개체 수가 겨울에 무리지어 다니는데, 최근에는 도시의 아파트 정원에서도 흔히 볼 수 있다.

참새목/직박구리과

◆생활형 / 텃새
◆몸 길이 / 약 27cm
◆먹이 / 식물의 열매, 곤충류
◆출현기 / 사계절
◆분포 / 한국, 일본, 중국, 동남 아시아
※ '찌빠찌빠' 하고 시끄럽게 운다 하여 '직박구리' 란 이름이 붙여졌다.

▲ 크림색 눈썹선이 뚜렷하다.

▶ 새끼의 입에 먹이를 넣어 주는 어미새

참새목/휘파람새과

- 생활형 / 여름 철새
- 몸 길이 / 약 10cm
- 먹이 / 곤충류, 지네 등의 다지류
- 출현기 / 4~9월
- 분포 / 한국, 일본, 중국, 동남 아시아

※ 우리 나라 조류 중 가장 작은 새 종류에 속한다. 경기도 광릉 숲에서 번식한다.

숲새

학 명 : *Urosphena squameiceps*
영 명 : Asian Stubtail

몸에 비해 꼬리가 짧다. '굴뚝새'와 비슷하나 꼬리가 곧고 위로 굽어 올라가지 않았다. 몸 윗면은 갈색, 아랫면은 연한 갈색이다. 크림색 눈썹선이 뚜렷하며 갈색 선이 눈을 지난다. 동작이 활발하고 몸을 좌우로 흔드는 버릇이 있다. 몸이 작고, 가을 나무 색깔과 비슷하여 찾기 어렵다. 땅바닥이나 경사진 곳에 구멍을 뚫어 둥지를 만든다.

▲ 아름다운 울음소리를 낸다.　　▲ 나뭇가지에서 휴식하고 있다.

휘파람새

학 명 : *Cettia diphone borealis*
영 명 : Japanese Bush Warbler

몸 전체는 갈색이고, 목과 배 부위는 흰색이다. 눈썹선은 흰색이 강하게 나타나서 유사종과 쉽게 구별된다. 암수는 구별하기 어렵다. 논이나 밭 주변의 덩굴 식물 꼭대기에서 수컷이 우는 소리를 듣고 쉽게 확인할 수 있다. 나뭇가지 위나 줄기 사이에 둥지를 튼다. 홀로 또는 암수가 함께 생활하며, 무리지어 살지는 않는다.

참새목/휘파람새과

◆생활형 / 여름 철새
◆몸 길이 / 약 15.5cm
◆먹이 / 곤충류, 거미류
◆출현기 / 5~9월
◆분포 / 한국, 중국, 러시아
※우리 나라 새 중 가장 아름다운 소리를 낸다. 주로 경기도 가평, 양평 등지에서 많이 번식하였으나 2005년을 전후로 사라졌다.

▲ 둥지 부근에서 경계하고 있다.

참새목/휘파람새과

- ◆생활형 / 텃새
- ◆몸 길이 / 약 15cm
- ◆먹이 / 나뭇잎에 있는 곤충
- ◆출현기 / 사계절
- ◆분포 / 한국, 일본
- ※남부 지방의 산림이나 밭 근처에서 볼 수 있다. 여름에 번식하고, 경남 거제도, 제주도 등지에서 겨울을 난다.

섬휘파람새

학 명 : *Cettia diphone cantans*
영 명 : Korean Bush Warbler

몸 색깔은 흐린 녹색이다. 이마와 머리꼭대기는 올리브색이고, 등, 허리, 위꼬리덮깃은 갈색을 띤 올리브색이다. 눈썹선은 희고, 눈선은 짙은 올리브색이다. 귀깃과 뺨은 흰색을 띤 연한 올리브색이다. 암수는 구별하기 어렵다. 주로 어두운 가시덤불 속이나 대나무 밭에서 겨울을 나며, 다음 해 거의 같은 장소에서 번식하는 경향이 있다. 나뭇가지나 조릿대 위에 둥지를 튼다.

▲ 주위를 살피고 있다.   ▲ 흰색 눈썹선이 뚜렷하다.

북방개개비

학 명 : *Locustella certhiola*
영 명 : Rusty-rumped Warbler

수컷 여름깃의 이마는 갈색, 머리꼭대기의 깃털은 검은색이고 가장자리는 갈색이다. 겨울깃은 여름깃에 비해 가슴, 옆구리, 아래꼬리덮깃이 황갈색이고, 머리와 어깨에는 줄무늬가 분명하다. 암컷은 수컷과 비슷하나 허리에 검은 얼룩무늬가 있고, 가슴에는 갈색 반점이 있다. 다리는 담갈색이다. 물가나 초지에 서식하며, 둥지는 땅바닥 풀 속에 틀기 때문에 찾기 어렵다.

참새목/휘파람새과

◆생활형 / 나그네새
◆몸 길이 / 약 13cm
◆먹이 / 작은 곤충, 유충
◆출현기 / 5월
◆분포 / 한국, 일본, 중국
※이동 시기에 남부 지방의 외딴 섬 습지나 물가에서 드물게 볼 수 있으나 육지에서는 보기 어렵다.

▲ 이동 중 휴식하고 있다.

참새목/휘파람새과

알락꼬리쥐발귀

학 명 : *Locustella ochotensis*
영 명 : Middendorff's Warbler

- ◆생활형 / 여름 철새
- ◆몸 길이 / 약 15cm
- ◆먹이 / 곤충류, 거미류
- ◆출현기 / 5~9월
- ◆분포 / 한국, 일본, 동남 아시아

※제주도의 넓은 풀밭에서 볼 수 있으며, 이 곳에서 번식한다. 눈에 잘 보이지 않으므로 울음소리로 확인할 수 있다.

암수의 깃털 색깔이 같다. 등 쪽은 올리브색을 띤 갈색, 배 쪽은 연한 회색을 띤다. '섬개개비'와 비슷하나 눈썹선이 더 명확하고, 부리가 짧으며, 몸 윗면이 더 밝게 보인다. 주로 바닷가의 갈대숲이나 넓은 풀밭, 사초과 식물 군락 주변을 돌아다니며 먹이를 찾고, 수직으로 날아올라 지저귀기도 한다. 6~7월에 지상에 둥지를 틀고 5~6개의 알을 낳는다.

▲ 요란한 울음소리를 낸다.

섬개개비

학 명 : *Locustella pleskei*
영 명 : Pleske's Warbler

목, 가슴, 배는 흰색이며, 전체적으로 올리브색을 띤 갈색이다. '개개비'보다 몸집과 부리는 작다. 암수는 구별하기 어렵다. 사람이 살지 않는 외딴 섬에서 서식하며, 섬 주변에서 울음소리를 요란하게 내어 쉽게 유무를 확인할 수 있다. 주로 덤불 속에 숨어서 노래를 한다. 상록수림이 우거진 낮은 숲에서 관목, 잡초의 땅 위에서 0.3~2m 높이의 나뭇가지에 둥지를 튼다.

참새목/휘파람새과

- ◆생활형 / 여름 철새
- ◆몸 길이 / 약 16.5cm
- ◆먹이 / 식물의 씨, 딱정벌레류, 벌류, 나비류의 유충, 연체 동물의 복족류
- ◆출현기 / 5~9월
- ◆분포 / 한국, 일본, 중국 동부
- ※남부 지방의 무인도 상록수림에서 번식한다.

▲ 새끼들의 배설물을 치우는 어미새

참새목/휘파람새과

- ◆생활형 / 여름 철새
- ◆몸 길이 / 약 18.5cm
- ◆먹이 / 곤충류, 거미류
- ◆출현기 / 봄~가을
- ◆분포 / 한국, 일본, 중국, 몽골
- ※강가나 호숫가, 저수지 주변의 갈대밭에 사는 흔한 새이며, 번식기인 6월 초에는 요란하게 운다.

개개비

학 명 : *Acrocephalus orientalis*
영 명 : Oriental Reed Warbler

몸 전체가 황갈색이며, 날개 끝은 검은색, 목과 배는 올리브색을 띤다. 머리깃은 부풀어 있으며, 부리는 다른 개개비 종류에 비해 큰 편이다. 암수는 구별하기 어렵다. 타종 간에 공격적인 행동을 보이지만, 동종 간에는 일정한 세력권을 점유하고 있는데, 그 범위가 매우 좁다. 번식기에는 갈대밭에 둥지를 튼다.

▲ 이동 중 휴식하고 있다.

◀ 겨울깃

쇠개개비

학 명 : *Acrocephalus bistrigiceps*
영 명 : Black-browed Reed Warbler

'개개비'와 비슷하게 생겼으나 훨씬 작다. 등은 황갈색이며, 희미한 눈썹선 위에 검은 줄이 있다. 울음소리가 '개개비'보다 가늘고 금속성을 띤다. 암수는 구별하기 어렵다. 풀줄기에 둥지를 튼다. 봄가을의 이동 시기에 서해안이나 전남 흑산도 주변의 작은 섬에서 1~2마리를 볼 수 있는 매우 드문 새이다.

참새목/휘파람새과

- ◆생활형 / 나그네새
- ◆몸 길이 / 약 13cm
- ◆먹이 / 곤충류, 거미류
- ◆출현기 / 5~6월, 10월
- ◆분포 / 한국, 일본, 중국, 몽골, 동남 아시아

※작은 솔새 종류는 구별하기가 어려우나 '개개비'에 비해 아주 작게 보이면 '쇠개개비'일 경우가 많다.

▲ 이동 중 숲에서 휴식하고 있다.

참새목/휘파람새과

- ◆생활형 / 나그네새
- ◆몸 길이 / 약 13cm
- ◆먹이 / 곤충류, 거미류
- ◆출현기 / 5월, 10월
- ◆분포 / 한국, 중국, 몽골, 러시아
- ※몽골에서는 큰 도시를 제외하고는 전국의 사막에 가장 흔한 우점종이다.

긴다리솔새사촌

학 명 : *Phylloscopus schwarzi*
영 명 : Radde's Warbler

몸 전체는 어두운 녹색을 띠며, 얼굴은 밝은 황토색에 어두운 녹색 줄이 있어 솔새류의 전형적인 특징을 가지고 있다. 부리는 황갈색으로 짧고 두툼하다. 주로 사막의 땅에 굴을 파서 둥지를 만드는데, 들쥐의 굴을 이용하기도 한다. 전남 흑산도 부근 섬에서의 관찰 기록이 전해지고 있으며, 채집으로 확인되었다.

▲ 주변을 살피며 경계하고 있다.

◀ 번식 중 먹이를 찾고 있다.

노랑허리솔새

학 명 : *Phylloscopus proregulus*
영 명 : Pallas's Leaf Warbler

머리 위, 뒷머리, 뒷목, 눈 앞, 귀덮깃은 올리브빛 녹색이다. 머리 위에 노란색 선이 있으며, 눈썹선도 노란색이다. 이마에는 희미한 노란색 띠가 있다. 허리에는 연한 노란색의 너비가 넓은 띠가 있다. 날개깃은 어두운 갈색이고 날개덮깃은 짙은 갈색이며, 꼬리와 부리는 암갈색이고 깃 가장자리는 연두색이다. 다리는 녹색을 띤 갈색이다. 번식기에는 텃세 행동을 강하게 보인다.

참새목/휘파람새과

◆생활형 / 여름 철새
◆몸 길이 / 약 9cm
◆먹이 / 곤충류, 거미류
◆출현기 / 5~9월
◆분포 / 한국, 중국, 러시아, 동남 아시아

※해발 1300m 내외의 침엽수림에 번식하며, 주로 강원도 용평 스키장, 태백산, 설악산의 정상에서 볼 수 있다.

▲ 날개에 흰색 줄이 2개 있다.

참새목/휘파람새과

◆생활형 / 나그네새
◆몸 길이 / 약 11cm
◆먹이 / 곤충류, 거미류
◆출현기 / 5월, 10월
◆분포 / 한국, 일본, 중국, 몽골, 러시아, 동남 아시아
※봄의 이동 시기에 남부 지방의 외딴 섬에서 매우 드물게 볼 수 있다.

노랑눈썹솔새

학 명 : *Phylloscopus inornatus*
영 명 : Yellow-browed Warbler

전체적으로 나뭇잎 같은 연녹색을 띤다. 솔새 종류는 주로 몸에 흰색 선이 어디에 있느냐에 따라 분류하는데, 이 종은 노란색 눈썹과 날개에 흰색 줄이 2개 있는 것이 특징이다. 주로 나뭇잎이 무성한 활엽수, 침엽수 지역에 서식한다. 번식기에는 텃세 행동을 강하게 보이며, 노래를 불러서 다른 수컷들과 경쟁하며 암컷을 유인한다.

▲ 외딴 섬에서 휴식하고 있다.

쇠솔새

학 명 : *Phylloscopus borealis*
영 명 : Arctic Warbler

참새목/휘파람새과

◆생활형/나그네새
◆몸 길이/약 13cm
◆먹이/곤충류
◆출현기/5월, 10월
◆분포/한국, 일본, 중국, 몽골, 동남 아시아
※이동 시기인 5월에 외딴 섬에서 매우 드물게 볼 수 있다.

머리꼭대기와 등은 올리브색을 띤 갈색이고, 배는 담황색이며, 담황색의 눈썹선이 두드러져 보인다. 날개에는 1줄의 흰색 띠가 있다. 다른 솔새류와 구별하기가 매우 어려운데, 눈썹선이 약간 굵은 것이 특징이다. 주로 나무에서 생활하며, 먹이를 찾기 위해 땅으로 내려오는 일은 거의 없다. 삼림 지대의 땅 위나 벼랑의 우묵한 곳에 이끼류로 옆쪽에 입구가 있는 둥근 둥지를 만든다.

▲ 번식지 주변에서 경계하고 있다.　　▲ 낮은 가지를 좋아한다.

| 참새목/휘파람새과 |

- ◆생활형/여름 철새
- ◆몸 길이/약 11cm
- ◆먹이/곤충류, 곤충의 유충, 거미류
- ◆출현기/5~8월
- ◆분포/한국, 일본, 중국, 러시아
- ※해발 1000m 내외의 높은 산에서 번식한다. 강원도 함백산 1300m 높이의 철쭉에서 쉽게 볼 수 있다.

되솔새

학 명 : *Phylloscopus tenellipes*
영 명 : Pale-legged Leaf Warbler

수컷 겨울깃의 눈썹선은 흰색 또는 크림색을 띤 흰색이고, 눈선은 올리브색을 띤 갈색이며, 눈 앞의 깃털 끝은 엷은 황갈색이다. 암컷의 겨울깃과 여름깃은 수컷과 구별하기 어려우나, 날개덮깃의 흰색 얼룩무늬는 수컷보다 선명하지 않다. 암수가 함께 생활하며, 이동할 때 무리짓지 않는다. 침엽수림 등성이나 낙엽 활엽수림의 언덕에서 생활하며, 나무 꼭대기보다 낮은 가지를 좋아한다.

▲ 엷은 색의 머리 중앙선이 있다.　　▲ 둥지 부근에서 경계하고 있다.

산솔새

학 명 : *Phylloscopus coronatus*
영 명 : Eastern Crowned Warbler

암수의 깃털 새깔이 같다. 등 쪽은 암녹색이고 배 쪽은 탁한 흰색으로, 황백색의 눈썹선은 뚜렷하다. 머리 위에 엷은 색의 머리 중앙선이 있어 다른 솔새류와 쉽게 구별된다. 나무 위의 가지 사이를 끊임없이 활발하게 날아다니면서 먹이를 잡아먹는다. 번식기에는 단순한 음성 행동과 강한 텃세 행동을 보인다. 농경지보다는 숲이 울창한 산악 지대에 서식한다.

참새목/휘파람새과

- ◆생활형 / 여름 철새
- ◆몸 길이 / 약 13cm
- ◆먹이 / 곤충류, 곤충의 유충, 거미류
- ◆출현기 / 5~9월
- ◆분포 / 한국, 일본, 중국, 러시아, 동남 아시아
- ※솔새 중 가장 흔한 새로, 깊은 산 속 산림에서 많이 볼 수 있다.

▲▲ 뻐꾸기 새끼를 먹이는 붉은머리오목눈이
▲ 알(백색형)
◀ 무리지어 겨울을 난다.

참새목/붉은머리오목눈이과

- ◆생활형 / 텃새
- ◆몸 길이 / 약 13cm
- ◆먹이 / 곤충류, 풀씨, 나무 열매, 곡류
- ◆출현기 / 사계절
- ◆분포 / 한국, 중국, 러시아
- ※ '뱁새' 라고도 한다. 제주도 및 울릉도를 제외한 전국 각지에 서식한다.

붉은머리오목눈이

학 명 : *Paradoxornis webbianus*
영 명 : Vinous-throated Parrotbill

수컷의 등은 분홍빛을 띤 적갈색이고, 암컷의 등은 연한 분홍빛을 띤 적갈색이다. 배는 암수 모두 황갈색이다. '굴뚝새'와 비슷하나 몸에 비해 꼬리가 길다. 관목 지대, 덤불, 농경지, 풀밭 등의 평지와 구릉에서 번식한다. 겨울에는 주로 산보다 평지에서 모여 다닌다. 대개 40~60마리가 무리지어 생활한다.

▲ 눈 주위에 흰 테가 있다.   ▲ 층층나무 열매를 따먹고 있다.

한국동박새

학 명 : *Zosterops erythroleurus*
영 명 : Chestnut-flanked White-eye

옆구리에는 진한 황토색 깃털이 튀어나와 있기 때문에 유사종과 쉽게 구별된다. 이마에서 위꼬리덮깃까지의 윗면은 올리브색이 도는 노란색이고, 꼬리는 어두운 갈색, 날개 가장자리는 녹색을 띤 노란색이다. 눈 앞쪽은 검은색이고, 눈 주위의 흰 테가 뚜렷하다. 주로 논밭 부근의 물가, 산림지대에 서식하며, 특히 버드나무, 가시덤불, 상록활엽수림에서 무리지어 월동한다. 우리 나라에 불규칙하게 찾아오는 매우 희귀한 새이다.

참새목/동박새과

- ◆생활형 / 미조
- ◆몸 길이 / 약 10.5cm
- ◆먹이 / 나무 열매, 거미류, 신드기류, 딱정벌레, 매미, 잠자리 등의 유충과 성충
- ◆출현기 / 5월, 10월
- ◆분포 / 한국, 일본, 중국, 러시아

※2007년 9월, 경기도 남한산성 부근에서 약 30마리의 무리가 나무의 열매를 따먹는 것이 관찰되었다.

▲ 팥배나무 열매를 따먹고 있다.   ▲ 딸기를 먹고 있다.

참새목/동박새과

- ◆생활형 / 텃새
- ◆몸 길이 / 약 12cm
- ◆먹이 / 동백나무, 벚나무, 매화나무 등의 꿀과 식물의 열매, 그 주변의 곤충류
- ◆출현기 / 사계절
- ◆분포 / 한국, 일본, 중국
- ※남부 지방에서 흔히 볼 수 있었으나 최근 가을과 겨울의 서울 근교에서 20~30마리가 몰려다니는 것이 관찰되었다.

동박새

학 명 : *Zosterops japonicus*
영 명 : Japanese White-eye

머리와 등 쪽은 황록색이고 턱 밑은 노란색이며, 배 쪽은 흰색, 옆구리는 갈색이다. 꼬리는 노란빛을 띤 녹색이다. 눈 주위의 흰 테가 이 종의 특징이다. 암수는 구별하기 어렵다. 부리는 가늘고 뾰족하며, 혀 끝은 브러시 모양이어서 과즙이나 꿀을 빠는 데 적당하다. 바닷가의 상록수림에서 번식하는데, 주로 나무 위에서 생활한다. 번식이 끝난 겨울에는 무리를 지어 생활한다. 번식기에는 나뭇가지 사이에 거미줄을 이용하여 둥지를 만든다.

산새

▲ 겨울에 샘터에서 목욕하는 암컷

상모솔새

학 명 : *Regulus regulus*
영 명 : Goldcrest

몸 전체의 깃털은 흐린 녹색이며, 날개에 흰 점이 있다. 암수 모두 머리꼭대기에 노란색 깃털이 있지만, 암컷은 황금색이 흐린 편이다. 몸의 윗면은 올리브색이고, 아랫면은 밝지 않은 흰색이다. 수컷은 그 가운데에 붉은 오렌지색 깃털이 있고 가장자리는 검은색이다. 날개에 흰색 띠가 2줄 있다. 주로 겨울에 무리 생활을 하며, 박새류와 섞여 지내기도 한다. 산림 지대에서 번식한다.

참새목/상모솔새과

- ◆생활형 / 겨울 철새
- ◆몸 길이 / 약 10cm
- ◆먹이 / 딱정벌레, 벌, 파리, 매미, 거미류
- ◆출현기 / 12월, 1~2월
- ◆분포 / 한국, 일본, 중국, 러시아
- ※1970년대에는 흔했으나 2000년 이후에는 향나무 숲에서 드물게 볼 수 있다.

▲ 휴식하고 있다.   ▲ 둥지 부근에서 노래하고 있다.

참새목/굴뚝새과

- 생활형 / 텃새
- 몸 길이 / 약 10cm
- 먹이 / 곤충류, 거미류, 강도래, 날도래 유충
- 출현기 / 사계절
- 분포 / 한국, 일본, 중국, 러시아

※ 겨울에 따뜻한 굴뚝 주변에서 월동하는 곤충류를 잡아먹고 살기 때문에 '굴뚝새' 라는 이름이 붙여졌다.

굴뚝새

학 명 : *Troglodytes troglodytes*
영 명 : Winter Wren

작은 새로, 몸이 둥글고 부리는 가늘다. 몸 전체는 대체로 옅은 색이며, 등 쪽은 다갈색, 그 아래에는 흑갈색의 가로무늬가 있다. 몸의 아랫면은 붉은빛을 띤 회갈색이다. 홍채는 갈색이며, 부리는 암갈색이다. 다리는 엷은 갈색이다. 여름에는 숲이 우거진 산지에, 겨울에는 인가의 굴뚝 부근에 서식한다. 이끼류로 둥근 둥지를 만들고, 해발 1000m 내외의 높은 산에 번식한다.

▲ 추운 겨울에 먹이를 찾고 있다.

동고비

학 명 : *Sitta europaea*
영 명 : Eurasian Nuthatch

수컷의 배는 황갈색이고, 옆쪽에 갈색 및 밤색 얼룩점이 있으며, 등 쪽은 푸른색을 띤 잿빛이다. 암컷은 수컷과 비슷하나 등 쪽의 색이 어둡고 배쪽의 황갈색은 옅다. 홍채는 어두운 잿빛 갈색이다. 부리는 검은색으로 길고 곧으며, 아랫부리의 밑면만이 잿빛이다. 올리브 잿빛의 다리는 튼튼하며, 나무 줄기에 거꾸로 매달려서 생활한다. 둥지는 딱따구리 구멍을 진흙으로 막아 이용하며, 침엽수림 등에 번식한다.

참새목/동고비과

◆생활형 / 텃새
◆몸 길이 / 약 14cm
◆먹이 / 곤충류, 거미류, 씨와 열매. 겨울에는 벌레 또는 땅콩, 잣 등과 같은 견과류
◆출현기 / 사계절
◆분포 / 한국, 일본, 중국, 러시아

▲ 나무 줄기를 거꾸로 이동하며 먹이를 찾는다.

참새목/동고비과

- ◆생활형 / 미조
- ◆몸 길이 / 약 11cm
- ◆먹이 / 곤충류, 거미류, 씨와 열매, 겨울에는 벌레
- ◆출현기 / 11~12월, 1~2월
- ◆분포 / 중국, 몽골, 러시아
- ※1970년대에는 매우 드문 새였으나, 최근에는 3~4년 만에 한 번씩 겨울에 관찰되는 새이다.

쇠동고비

학 명 : *Sitta villosa*
영 명 : Chinese Nuthatch

'동고비'보다 작은 종류로, '동고비'와 달리 머리 꼭대기는 검은색이며, 눈썹선과 배는 흰색을 띠는 것이 특징이다. 부리가 약간 위를 향하고 있다. 암수는 구별하기 어렵다. 서식지나 행동은 전반적으로 동고비과에 속하는 종들과 비슷한 것으로 알려져 있다. 과거에는 겨울에 경기도 광릉에서 드물게 볼 수 있었으나 최근에는 매우 불규칙하게 찾아온다.

▲ 나무 줄기를 오르내리며 먹이를 찾는다.

나무발발이

학 명 : *Certhia familiaris*
영 명 : Eurasian Treecreeper

'동고비'와 비슷하다. 등에는 회갈색의 흐린 점이 있고, 배는 흰색이다. 꼬리는 길고, 꼬리깃의 끝은 뾰족하다. 부리는 길고 구부러져 있으며, 송곳처럼 생겼다. 암수는 구별하기 어렵다. '쇠딱따구리'와 비슷하게 꼬리를 나무 줄기에 붙이고 수직으로 오르내리며 먹이를 찾는다. 박새류와 같이 떼지어서 큰 통나무 줄기를 찾아다닌다. 번식기에는 침엽수림이나 활엽수림이 울창한 숲 속에서 둥지를 튼다.

참새목/나무발발이과

- ◆생활형/겨울 철새
- ◆몸 길이/약 14cm
- ◆먹이/곤충류
- ◆출현기/ 12월, 1~2월
- ◆분포/한국, 중국, 몽골, 러시아

※나무 줄기를 빠르게 위아래로 움직인다 하여 '나무발발이'란 이름이 붙여졌다. 경기도 광릉에서 쉽게 볼 수 있었으나 1980년 이후부터는 매우 드문 새이다.

▲ 전봇대 구멍 속에서 번식 중이다. ▲ 둥지 부근에서 경계하고 있다.

참새목/찌르레기과

북방쇠찌르레기

학 명 : *Sturnus sturninus*
영 명 : Purple-backed Starling

- ◆생활형 / 여름 철새
- ◆몸 길이 / 약 18cm
- ◆먹이 / 딱정벌레, 파리, 나비 등의 곤충류, 벚나무 등의 열매
- ◆출현기 / 5~9월
- ◆분포 / 한국, 중국, 몽골, 말레이 반도
- ※과거에는 도시 주변에서 흔히 번식하였다.

수컷의 겨울깃은 이마에서 뒷목까지 잿빛이고, 뒷머리에는 짙은 자줏빛 얼룩무늬가 있다. 날개와 꼬리는 초록빛 광택이 나는 검은색이다. 암컷은 뒷머리, 등, 어깨가 짙은 갈색이고, 어깨깃은 회백색으로 짧고 편평하며, 다리는 회갈색이다. 번식기에는 암수가 같이 생활하나 번식 후에는 가족군을 이룬다. 새끼는 암수가 같이 기른다. 고목의 구멍이나 전봇대 구멍을 이용해 번식한다.

산새

▲ 휴식 중인 한 쌍(왼쪽 : 수컷, 오른쪽 : 암컷)

쇠찌르레기

학 명 : *Sturnus philippensis*
영 명 : Chestnut-cheeked Starling

머리는 흐린 회색이고 등은 광택이 나는 갈색이다. 가슴은 검은색이고 옆구리는 회갈색이다. 암컷과 달리 수컷의 뺨에는 진한 갈색 점이 있다. 어린 새끼 때는 분류하기 어렵다. 번식기 이외의 이동시에는 수백 마리에서 수천 마리가 무리를 지어 다닌다. 나뭇구멍이나 건축물의 틈새, 지붕, 돌담의 틈, 딱따구리의 옛 둥지, 인공 둥지 등에 둥지를 튼다. 매우 드물게 볼 수 있다.

참새목/찌르레기과

- ◆생활형 / 미조
- ◆몸 길이 / 약 19cm
- ◆먹이 / 거미류, 곤충류, 복족류, 버찌, 감, 포도
- ◆출현기 / 5월, 10월
- ◆분포 / 한국, 일본, 중국, 러시아에서 번식. 동남 아시아에서 월동
- ※최근에 발견된 조류로, 길을 잃어 찾아온다.

▲ 이동 중 길을 잃어 찾아온다.

참새목/찌르레기과

- ◆생활형 / 미조
- ◆몸 길이 / 약 18cm
- ◆먹이 / 각종 열매, 과일, 번식기에는 곤충류
- ◆출현기 / 5월, 10월
- ◆분포 / 한국, 일본, 중국에서 번식. 동남 아시아에서 월동
- ※이동 시기인 5월 초에 전남 흑산도 등지에 1~2마리가 날아온다.

잿빛쇠찌르레기

학 명 : *Sturnus sinensis*
영 명 : White-shouldered Starling

몸집은 '찌르레기' 보다 작고 '북방쇠찌르레기'와 비슷하다. 머리와 등은 회색이고, 어깨깃은 흰색, 날개와 꼬리는 녹색 광택이 나는 검은색이다. 눈은 회백색이다. 주로 초지나 숲 부근의 열린 공간이 있는 곳에서 전깃줄이나 땅바닥에서 무리지어 먹이를 찾으며, 사람을 경계하지 않는 편이다. 이동 중 다른 찌르레기 무리에 섞여 적은 수가 관찰된다.

▲ 이동 중 외딴 섬에서 휴식하고 있다. ▲ 암컷

붉은부리찌르레기

학 명 : *Sturnus sericeus*
영 명 : Red-billed Starling

머리, 목은 흰색이고 등 쪽은 흐린 회색이며, 배와 가슴은 약간 검은색, 날개 끝과 꼬리는 검은색이다. 부리는 붉은색을 띤다. 초원이나 농경지에 서식하며, 번식기에는 나뭇구멍이나 건축물의 틈새에 둥지를 만든다. 남부 지방의 바닷가에서 한 번 촬영된 기록이 있으며, 이동 중에 낙오된 새가 우리 나라에 찾아온 것으로 추정된다.

참새목/찌르레기과

- ◆ 생활형 / 미조
- ◆ 몸 길이 / 약 21cm
- ◆ 먹이 / 양서류, 연체 동물, 곤충류, 곡류
- ◆ 출현기 / 5월, 10월
- ◆ 분포 / 중국, 동남 아시아

※ 매년 5월 초에 남부 지방의 외딴 섬에 1~2마리가 날아온다.

▲ 먹이를 물고 있는 어미새
◀ 둥지의 새끼에게 먹이를 주는 어미새

참새목/찌르레기과

- ◆생활형 / 여름 철새
- ◆몸 길이 / 약 24cm
- ◆먹이 / 양서류, 연체 동물, 쥐, 곤충류 및 밀, 보리, 완두 등의 열매
- ◆출현기 / 5~9월
- ◆분포 / 한국, 중국, 러시아
- ※찌르레기 종류 중 가장 흔한 새로, 배추밭 둥지의 해충을 많이 잡아먹는다.

찌르레기

학 명 : *Sturnus cineraceus*
영 명 : White-cheeked Starling

몸 전체는 짙은 회색이며, 눈 주위의 얼굴과 허리는 밝은 회색을 띤다. 부리와 다리는 어두운 귤색을 띤다. 부리는 억세고 곧거나 갈고리 모양이며, 다리는 튼튼하다. 대부분 이차림 지대와 초원이나 농경지에서 살고 있으며, 번식기에는 나뭇구멍이나 건축물의 틈새에 둥지를 만든다. 경작지 주변에서 해충을 잡아먹는 이로운 새이다.

▲ 이동 중 길을 잃어 찾아온다.

흰점찌르레기

학 명 : *Sturnus vulgaris*
영 명 : European Starling

부리는 노랗고, 전체의 깃털은 검은 광택이 나는 청록색이며, 겨울깃은 몸 전체에 뚜렷한 흰 점이 있기 때문에 쉽게 구별된다. 이러한 특징으로 찌르레기 종류 중 특히 화려하고 아름답다. 번식기가 지나면 많은 수가 무리를 이루어 활동한다. 이 종은 강한 생명력과 번식력으로 전세계적으로 개체 수가 늘어나고 있다. 다른 종류의 찌르레기 무리에 몇 마리씩 섞여 찾아온다.

참새목/찌르레기과

- ◆생활형 / 미조
- ◆몸 길이 / 약 20cm
- ◆먹이 / 곤충류, 식물의 씨와 열매
- ◆출현기 / 5월, 10월
- ◆분포 / 중국, 러시아, 유럽

※유럽에서는 산과 도시에 가장 흔한 새이며, 미국에서도 골프장 부근에 많은 개체가 무리지어 서식한다.

▲ 둥지에서 새끼를 돌보는 어미새

▶ 눈 속에서 먹이를 찾고 있다.

참새목/지빠귀과

- ◆생활형 / 텃새
- ◆몸 길이 / 약 30cm
- ◆먹이 / 곤충류, 지렁이, 씨
- ◆출현기 / 사계절
- ◆분포 / 한국, 중국, 러시아
- ※머리에서 꼬리 끝까지 호랑 무늬가 덮여 있어 '호랑지 빠귀'란 이름이 붙여졌다.

호랑지빠귀

학 명 : *Zoothera aurea*
영 명 : White's Thrush

머리, 등, 날개는 노란빛을 띤 갈색이고, 배는 밝은 올리브색을 띤다. 큰 눈 주변에는 올리브색의 선이 있다. 암컷과 수컷은 구별하기 어렵다. 낙엽 활엽수림이나 잡목림 속 땅 위에서 1.5~6m 높이에 있는, 갈라진 교목의 가지 위에 이끼, 마른 나뭇잎 등으로 둥지를 튼다. 번식기에는 밤마다 금속성 소리를 내어 '간첩새', '귀신새' 라고도 한다.

▲ 암컷

◀ 수컷

되지빠귀

학 명 : *Turdus hortulorum*
영 명 : Grey-backed Thrush

수컷은 머과 잇가슴이 엷은 잿빛이고 아랫가슴과 옆구리는 오렌지색이며, 배와 아래꼬리덮깃은 흰색, 등과 날개, 꼬리는 잿빛이다. 목과 가슴의 각 깃털의 끝에는 부채 모양의 엷은 검은색 얼룩무늬가 있다. 암컷의 옆구리는 밤색을 띤 오렌지색이고, 배와 아래꼬리덮깃은 흰색이며, 양쪽은 적갈색을 띤다. 삼림이 우거진 평지의 교목에 서식한다.

참새목/지빠귀과

- ◆생활형 / 여름 철새
- ◆몸 길이 / 약 23cm
- ◆먹이 / 곤충류, 식물의 열매
- ◆출현기 / 5~9월
- ◆분포 / 한국, 중국, 러시아
- ※번식기에 우는 소리는 매우 아름답다. 대륙종으로, 주로 우리 나라 중부 이북의 깊은 산림에서 관찰된다.

▲ 암컷

▶ 미성숙한 수컷

참새목/지빠귀과

- ◆생활형 / 나그네새
- ◆몸 길이 / 약 21.5cm
- ◆먹이 / 곤충류, 지렁이, 식물의 열매
- ◆출현기 / 5월, 10월
- ◆분포 / 한국, 일본, 중국
- ※매년 5월 초쯤 참나무 숲에서 1~2마리가 이동하는 것이 관찰된다.

검은지빠귀

학 명 : *Turdus cardis*
영 명 : Japanese Thrush

수컷은 머리가 검은색이고, 때로는 턱 밑에 흰무늬가 있으며, 등과 어깨, 윗가슴은 검은색, 허리는 어두운 회색이다. 가슴과 배는 흰색, 각 깃털의 끝에는 부채 모양의 암회색 무늬가 있다. 암컷의 이마와 머리, 등, 어깨, 허리는 올리브색을 띤 갈색이다. 턱 밑, 목, 뺨, 가슴은 붉은색을 띤 회색이고, 날개와 꼬리는 흑갈색이다. 잡목림, 활엽수림, 혼합림에서 산다.

▲ 부리와 눈 주위는 노란색을 띤다.   ▲ 외딴 섬에서 매우 드물게 볼 수 있다.

대륙검은지빠귀

학 명 : *Turdus merula*
영 명 : Eurasian Blackbird

어미새는 몸 전체가 옅은 검은색이며, 부리와 눈 주위만 붉은빛을 띤 노란색이다. 어린새는 몸 전체가 황갈색에 가까운 빛을 띠고, 부리도 흐린 검은색을 띠고 있다. 보호색을 띠고 있어 관찰하기가 어렵다. 주로 초원이나 숲이 무성하지 않은 공원 같은 곳에 서식하며, 번식기에는 덤불이 무성한 곳에 컵 모양의 둥지를 만든다. 외딴 섬에서 매우 드물게 볼 수 있다.

참새목/지빠귀과

◆ 생활형 / 미조
◆ 몸 길이 / 약 25cm
◆ 먹이 / 곤충류, 지렁이, 나무열매
◆ 출현기 / 5월, 10월
◆ 분포 / 중국, 유럽
※ 지빠귀 종류 중 검은색을 띠어 쉽게 구별된다. 이동 시기에 전북 어청도 등에서 볼 수 있다.

▲ 이동 중 휴식하고 있다.

참새목/지빠귀과

- ◆생활형 / 나그네새
- ◆몸 길이 / 약 22cm
- ◆먹이 / 딱정벌레, 메뚜기, 나비 등의 곤충류, 지렁이, 장미과 식물의 열매
- ◆출현기 / 5월, 10월
- ◆분포 / 중국, 러시아. 동남 아시아에서 월동
- ※주로 봄에 1~2마리를 드물게 볼 수 있다.

흰눈썹붉은배지빠귀

학 명 : *Turdus obscurus*
영 명 : Eyebrowed Thrush

봄에는 흰 눈썹이 뚜렷하여 확실히 분류할 수 있으나, 가슴의 황토색 부분은 나이와 계절에 따라 차이가 크기 때문에 구별하기가 어렵다. 소나무나 잡목이 드문드문 자라는 숲 속에서 풀이 적은 땅을 걷거나 다리를 모아 뛰면서 주로 땅바닥에 기어다니는 벌레를 먹는다. 번식기에는 암수가 함께 살고, 나무 속에 둥지를 튼다. 봄과 가을에는 여러 마리가 무리를 지어 산다.

▲▲ 수컷
▲ 알
◀ 암컷

흰배지빠귀

학 명 : *Turdus pallidus*
영 명 : Pale Thrush

수컷은 머리가 짙은 회색이고 암컷은 머리가 갈색이며, 가슴과 배는 갈색 얼룩이 있는 흰색이다. 몸 전체가 황갈색이며, 부리는 황토색을 띤다. 날아가는 모습이나 동작이 '되지빠귀'와 비슷하다. 봄부터 여름까지 울창한 삼림에서 울며, 그 울음소리가 매우 아름답다. 여름에는 암수가 함께 살고, 이동할 때에는 무리를 지어 다니나 겨울에는 혼자인 경우가 많다.

참새목/지빠귀과

- ◆ 생활형 / 여름 철새
- ◆ 몸 길이 / 약 25cm
- ◆ 먹이 / 딱정벌레, 나비 등의 곤충류, 거미류, 다지류, 지렁이, 장미과·포도과 식물의 씨
- ◆ 출현기 / 5~9월
- ◆ 분포 / 한국, 일본, 중국, 몽골. 동남 아시아에서 월동

※ 지빠귀 종류 중 가장 흔한 종이다.

▲ 이동 중 먹이를 찾으며 휴식하고 있다.

참새목/지빠귀과

- ◆생활형 / 나그네새
- ◆몸 길이 / 약 23cm
- ◆먹이 / 곤충류, 나무 열매
- ◆출현기 / 5월, 10월
- ◆분포 / 한국, 일본, 중국, 러시아

※ 남해안을 중심으로 도래하는 흔하지 않은 새이며, 주로 5월 초에 전남 흑산도, 전북 어청도 등지에서 1~2마리가 관찰된다.

붉은배지빠귀

학 명 : *Turdus chrysolaus*
영 명 : Brown-headed Thrush

등, 얼굴, 목은 진한 올리브색을 띤 갈색이고, 가슴과 겨드랑이는 귤색, 날개와 꼬리는 흑갈색, 배는 흰색이다. 가슴에 진한 황토색의 깃털이 있어 쉽게 구별된다. 침엽수와 활엽수의 혼합림에서 번식하며, 겨울에는 남쪽의 숲에 산다. 나뭇가지 위에 둥지를 튼다. 번식기에는 전망 좋은 숲을 좋아해서 피서지 등에 많이 살기 때문에 명랑하게 지저귀는 소리를 들을 수 있다.

산새 147

▲ 이른 봄 먹이를 찾고 있다.

◀ 나무 열매를 따먹는다.

노랑지빠귀

학 명 : *Turdus naumanni*
영 명 : Naumann's Thrush

암수의 모양이 약간씩 다르다. 수컷은 이마, 머리 위, 뒷머리, 뒷목, 눈 앞, 귀덮깃이 회갈색이고, 각 깃의 가운데 부분은 어두운 색이다. 눈썹선은 붉은 회색이고, 겨울철에는 깃의 가장자리가 흰색으로 변한다. 암컷은 목이 약간 붉은 회색을 띤 크림색인데, 검은색의 작은 무늬가 있다. 침엽수림과 활엽수림에서 서식한다.

참새목/지빠귀과

- ◆생활형 / 겨울 철새
- ◆몸 길이 / 약 23cm
- ◆먹이 / 곤충류, 지렁이, 찔레나무·팥배나무·산수유의 열매
- ◆출현기 / 10~12월, 1~3월
- ◆분포 / 한국, 일본, 중국, 러시아, 타이완
- ※지빠귀 종류 중 겨울에 많이 볼 수 있는 새이다.

▲ 나무 열매를 즐겨 따 먹는다.
◀ 휴식하고 있다.

참새목/지빠귀과

- ◆생활형 / 겨울 철새
- ◆몸 길이 / 약 23cm
- ◆먹이 / 곤충류, 지렁이, 식물의 열매
- ◆출현기 / 10~12월, 1~4월
- ◆분포 / 한국, 일본, 중국, 러시아, 동남 아시아
- ※일본에서는 흔한 새이나 우리 나라에서는 드문 새이다.

개똥지빠귀

학 명 : *Turdus eunomus*
영 명 : Dusky Thrush

수컷은 등 쪽이 검은 갈색이고, 깃 가장자리는 회갈색이다. 윗등과 허리 및 위꼬리덮깃에는 밤색이 섞여 있다. 목에서 윗가슴까지에는 노란색을 띤 흰색에 흑갈색의 작은 무늬가 있다. 가슴과 겨드랑이는 흑갈색이고 깃의 언저리와 배는 흰색이다. 암컷은 등과 어깨깃이 수컷보다 짙은 갈색이며, 가슴과 겨드랑이는 흑갈색이다. 주로 초지나 열매가 무성한 숲에서 서식하며, 번식기에는 나무 속에 둥지를 튼다.

▲ 가슴에 파란 무늬가 있다.   ▲ 이동 중 외딴 섬에서 쉬고 있다.

흰눈썹울새

학 명 : *Luscinia svecica*
영 명 : Blue Throat

머리, 뺨, 등, 날개, 허리, 꼬리는 황갈색이며, 꼬리 양 끝에 검은색 무늬가 있다. 가슴과 꼬리 중앙의 양쪽에 붉은 무늬가 있다. 수컷의 뺨선과 가슴의 가로무늬는 파란색이 두드러진 반면, 암컷의 무늬는 검은 편이다. 이동 시기에는 바닷가 주변의 습지 덤불 속에서 볼 수 있고, 번식기에는 습지 주변의 덤불 속에 둥지를 튼다. 사람을 보면 빨리 숨는다.

참새목/딱새과

- ◆생활형 / 미조
- ◆몸 길이 / 약 15cm
- ◆먹이 / 곤충류, 곤충의 유충, 나무 열매
- ◆출현기 / 5월, 10월
- ◆분포 / 일본, 중국, 러시아. 동남 아시아에서 월동
- ※이동시 외딴 섬에서 매우 드물게 볼 수 있다.

▲ 수컷
◀ 암컷

참새목/딱새과

진홍가슴

학 명 : *Luscinia calliope*
영 명 : Siberian Rubythroat

◆생활형 / 나그네새
◆몸 길이 / 약 15.5cm
◆먹이 / 곤충류, 식물의 열매
◆출현기 / 5월, 10월
◆분포 / 한국, 일본, 중국, 러시아, 동남 아시아

※수컷의 가슴과 턱 밑에 강한 붉은색 광택이 나므로 '진홍가슴'이란 이름이 붙여졌다. 최근에는 매우 드물게 볼 수 있다.

몸 전체가 황갈색을 띠며, 부리 앞부분부터 머리 뒤쪽으로 X자 모양의 흰색 줄이 있다. 꼬리는 갈색을 띤다. 주로 초지에서 서식하며, 단독 또는 암수가 함께 생활한다. 땅 위에서 먹이를 찾을 때가 많고, 양쪽 다리를 교대로 움직이거나 초지를 뛰어다니면서 곤충류를 잡아먹는다. 번식기에는 일정한 세력권을 점유하며, 수컷은 영역 내에서도 정해진 장소에서만 지저귄다.

▲ 먹이를 찾는 수컷
◀ 풀숲에 숨은 수컷

쇠유리새

학 명 : *Luscinia cyane*
영 명 : Siberian Blue Robin

수컷은 등 쪽이 보랏빛을 띤 남색이고 배 쪽은 흰색이다. 암컷은 목에서 가슴, 배까지는 흰색이고 등 쪽의 깃은 담갈색이어서, 허리를 제외하고는 수컷의 파란색 부분이 모두 갈색이다. 해발 1500m 이하의 삼림에서 서식하는데, 특히 관목층이 우거진 숲을 좋아한다. 관목이 무성하여 눈에 잘 띄지 않는다. 수컷은 울음소리로 세력권을 선언하는 동시에 짝지을 암컷을 불러들인다.

참새목/딱새과

◆ 생활형 / 여름 철새
◆ 몸 길이 / 약 14cm
◆ 먹이 / 곤충류
◆ 출현기 / 5~9월
◆ 분포 / 한국, 일본, 중국, 동남 아시아
※ 전국에 흔한 새로, 번식기에 중부 지방 높은 산의 삼림이 울창한 곳에서 아름다운 울음소리를 들을 수 있다.

▲ 수컷

◀ 암컷

참새목/딱새과

- ◆생활형 / 나그네새
- ◆몸 길이 / 약 14cm
- ◆먹이 / 곤충류, 작은 동물
- ◆출현기 / 5월, 10월
- ◆분포 / 한국, 일본, 중국

※ 주로 5월 중순의 이동 시기에 적은 수가 노래하며 지나간다. 서울의 공원, 제주도 등지에서는 겨울에도 눈에 띈다.

유리딱새

학 명 : *Luscinia cyanura*
영 명 : Orange-flanked Bush Robin

수컷의 등은 파란색이고 가슴은 흰색, 배는 담갈색이다. 암컷의 등은 회갈색이고, 옆구리는 암수 모두 주황색이다. 4~8월의 번식기에는 어두운 침엽수림 안에 서식하나 겨울에는 평지나 낮은 산의 숲가에 있는 경우가 많다. 경사면의 팬 곳이나 낮은 수풀 속에 그릇 모양의 둥지를 만든다. 번식기에는 한 쌍으로, 월동기에는 단독으로 세력권을 형성한다.

▲ 봄에 이동 중 먹이를 찾고 있다.
◀ 첫해 겨울깃

울새

학 명 : *Luscinia sibilans*
영 명 : Rufous-tailed Robin

참새목/딱새과

◆생활형 / 나그네새
◆몸 길이 / 약 13cm
◆먹이 / 곤충류
◆출현기 / 5월, 10월
◆분포 / 한국, 일본, 중국, 러시아, 동남 아시아

※5월 초에 도시 근처의 산림이나 공원에서 아름다운 울음소리를 들을 수 있다.

암컷은 수컷과 비슷하나 수컷에 비하여 꼬리는 붉은빛이 덜하고, 아랫부분의 그물 모양 얼룩무늬는 색이 엷고 불완전하며, 수컷보다 조금 작다. 부리는 가늘고 뾰족하며, 털은 짧다. 다리는 살색이나 개체에 따라 붉은색, 자주색 등을 띤다. 번식기에는 침엽수림의 낮은 부분에 서식하며, 텃세 행동이 강한 편이다. 꼬리를 까딱까딱하는 것을 흔히 볼 수 있다.

▲ 둥지 부근에서 경계하는 수컷

▶▶ 암컷
▶ 알

참새목/딱새과

- ◆생활형 / 텃새
- ◆몸 길이 / 약 14.5cm
- ◆먹이 / 곤충류, 나무 열매
- ◆출현기 / 사계절
- ◆분포 / 한국, 일본, 중국, 몽골, 러시아
- ※번식이 끝나면 수컷이 암컷을 멀리 쫓아 내고, 겨울 동안 번식지를 지키며 산다. '무당새' 라고도 한다.

딱새

학 명 : *Phoenicurus auroreus*
영 명 : Daurian Redstart

수컷은 머리가 회색, 등과 꼬리의 윗부분이 검은색을 띠며, 가슴과 배 밑은 밝은 갈색을 띤다. 검은색의 날개 중앙에는 흰색 점이 있다. 암수는 쉽게 구별되는데, 암컷은 수컷에 비해 옅은 색깔이며 거의 검은색을 띠지 않는다. 평지나 낮은 산의 밝은 숲 또는 촌락에서 단독 생활을 하는데, 사람을 무서워하지 않는다. 암수 함께 건축물의 틈이나 나뭇구멍에 둥지를 만든다.

▲ 암컷 겨울깃
◀◀ 둥지 부근에서 경계하는 수컷
◀ 알

검은딱새

학 명 : *Saxicola torquatus*
영 명 : Common Stonechat

수컷은 이마, 머리 위, 목, 등, 날개, 꼬리가 검고, 목 옆과 날개에 흰색의 큰 무늬가 있다. 허리와 배는 흰색, 윗가슴은 밤색을 띠지만 가을철에는 깃의 가장자리가 붉은빛을 띤 회갈색이 된다. 암컷의 머리는 암갈색, 목은 붉은 회색을 띤 흰색이고, 등과 허리, 날개, 꼬리는 어두운 갈색이며, 가슴은 붉은 회색, 배는 연한 붉은빛을 띤 회색이다. 관목이 많은 초지에 둥지를 튼다.

참새목/딱새과

- ◆생활형 / 여름 철새
- ◆몸 길이 / 약 13cm
- ◆먹이 / 곤충류
- ◆출현기 / 4~9월
- ◆분포 / 한국, 일본, 중국, 러시아, 동남 아시아

※여름에 시골의 논밭 근처와 무덤가에서 가장 흔히 볼 수 있다. 1970년대에는 흔한 새였으나 2000년대에는 거의 볼 수가 없다.

▲ 번식이 끝나면 머리꼭대기는 흰색, 꼬리는 붉은색을 띤다.

참새목/딱새과

- ◆생활형 / 미조
- ◆몸 길이 / 약 18cm
- ◆먹이 / 곤충류
- ◆출현기 / 5월
- ◆분포 / 러시아, 우즈베키스탄, 타지키스탄, 아프가니스탄

※5월 초에 전남 흑산도 등의 외딴 섬에서 매우 드물게 볼 수 있다.

흰머리바위딱새

학 명 : *Chaimerrornis leucocephalus*
영 명 : White-capped Water Redstart

'딱새'에 비해 크며, 번식기에는 깃털이 회색이고, 머리와 꼬리는 진한 검은색이다. 머리꼭대기는 흰색이며, 가슴과 배, 꼬리는 붉은색을 띤다. 일반적으로 흙이나 바위의 색과 같은 보호색을 띠기 때문에 야외에서 잘 눈에 띄지 않는다. 주로 물이 없는 평지, 바위가 많은 곳에 서식하며, 시야가 좋은 바위 구멍이나 흙 구멍에 둥지를 튼다.

▲ 이동 중 길을 잃어 찾아온다.
◀ 우리 나라에서는 처음으로 관찰되었다.

검은뺨딱새

학 명 : *Saxicola ferrea*
영 명 : Grey Bushchat

수컷은 머리꼭대기가 엷은 길색이고 배는 흰색, 등은 회색이며, 뺨에 검은 깃털이 있어 쉽게 구별된다. 부리와 발은 검은색이다. 암컷은 몸 전체가 엷은 갈색을 띤다. 아프리카의 사막 지대에서는 땅굴을 파서 둥지를 만들어 번식한다. 우리 나라에서는 이동 시기인 5월 초에 서해안 대청도 민통선 부근 작은 산림 지대에서 매우 드물게 볼 수 있다.

참새목/딱새과

◆ 생활형 / 미조
◆ 몸 길이 / 약 14.5cm
◆ 먹이 / 곤충류
◆ 출현기 / 5월
◆ 분포 / 몽골, 아프리카

※ 다른 딱새 종류와 달리 뺨에 검은 깃털이 있어 '검은뺨딱새'란 이름이 붙여졌다.

▲ 이동 중 외딴 섬에서 휴식하고 있다.

참새목/딱새과

- ◆생활형 / 미조
- ◆몸 길이 / 약 15cm
- ◆먹이 / 곤충류
- ◆출현기 / 5월
- ◆분포 / 중국, 몽골

※ '긴다리사막딱새' 라고도 한다. 5월 초에 전남 흑산도 등지에서 매우 드물게 볼 수 있다.

몽골딱새

학 명 : *Oenanthe isabellina*
영 명 : Isabelline Wheatear

크기는 '딱새' 보다 약간 크다. 일반적으로 '딱새' 암컷과 비슷하며, 깃털은 사막의 흙과 같은 보호색으로 회갈색이고, 꼬리에만 검은색 줄이 있다. 검은색 부리 끝에서 눈을 지나는 검은색 줄이 있는 것이 특징이다. 꼬리 밑은 검은색을 띠어 몸통의 밝은 흙색과 대조적이다. 숲이 적고 메마른 열린 공간에서 서식한다. 몽골 사막에서는 도랑 근처의 언덕에서 흔히 번식하는 새이다.

▲ 이동 중 길을 잃은 한 마리가 외딴 섬에서 발견되었다.

푸른바다직박구리

학 명 : *Monticola solitarius pandoo*
영 명 : Blue Rock Thrush

참새목/딱새과

- ◆생활형/미조
- ◆몸 길이/약 23cm
- ◆먹이/번식기에는 해안의 작은 동물, 나무 열매
- ◆출현기/5월, 10월
- ◆분포/중국, 동남 아시아
- ※5월 초에 전남 흑산도 등지에서 드물게 볼 수 있다.

중간 크기의 검은딱새 종류에 속한다. 다른 아종인 '바다직박구리'와 달리 몸 전체가 어두운 파란색을 띠며, 날개 끝은 검은색이다. 부리와 다리는 검은색을 띤다. 해변이나 암벽이 가까이 있는 해안에 많으며, 바위 틈새 등에 둥지를 틀고 녹청색 알을 낳는다. 우리 나라에서는 봄가을 이동 시기에 남부 지방의 외딴 섬에서 매우 드물게 볼 수 있다.

▲ 수컷

▶ 암컷

참새목/딱새과

- ◆생활형 / 텃새
- ◆몸 길이 / 약 23cm
- ◆먹이 / 번식기에는 해안의 작은 동물, 나무 열매
- ◆출현기 / 사계절
- ◆분포 / 한국, 일본, 중국, 동남 아시아
- ※해안에서 가장 흔히 볼 수 있으며, 수컷의 파란 깃털은 아름답다.

바다직박구리

학 명 : *Monticola solitarius phippensis*
영 명 : Blue Rock Thrush

'직박구리'와 비슷하나 유연 관계는 멀다. 수컷은 등, 머리, 가슴이 어두운 파란색이고, 배는 붉은 갈색이다. 암컷은 전체가 암갈색이며, 배는 갈색 비늘무늬가 많다. 해변이나 암벽이 가까이 있는 해안에 많고, 바위 틈새 등에 둥지를 튼다. 전남 완도, 경남 거제도, 제주도 등 서해안 및 남해안에서 흔히 볼 수 있었지만, 해안선 매립 등으로 인한 서식지 악화로 개체 수가 감소하고 있다.

산새 161

▲ 가슴과 배에 세로줄 무늬가 뚜렷하다.

제비딱새

학 명 : *Muscicapa griseisticta*
영 명 : Grey-streaked Flycatcher

몸은 회갈색으로 '솔딱새', '쇠솔딱새'와 모습이 비슷하지만 눈 앞쪽은 밝은 회색이며, 뺨은 엷은 회색과 갈색이 섞여 있다. 가슴과 배는 흰색이며 회갈색의 세로줄 무늬가 뚜렷하다. 단독 또는 암수가 함께 살며, 나뭇가지나 꼭대기의 잎이 적은 가지 또는 마른 가지에 몸을 꼿꼿이 세우고 앉는다. 흔히 수상 생활을 한다. 번식기에는 암수가 함께 둥지를 튼다.

참새목/딱새과

- ◆생활형 / 나그네새
- ◆몸 길이 / 약 14cm
- ◆먹이 / 곤충류
- ◆출현기 / 5월, 10월
- ◆분포 / 중국, 몽골, 러시아

※ 남부 지방의 외딴 섬에서 볼 수 있고, 경기도 남한산성에서도 가을에 매우 드물게 볼 수 있다.

▲ 이동 중 외딴 섬에서 휴식하고 있다.

참새목/딱새과

- ◆생활형 / 나그네새
- ◆몸 길이 / 약 14cm
- ◆먹이 / 곤충류
- ◆출현기 / 5월, 10월
- ◆분포 / 한국, 일본, 중국, 몽골, 러시아, 동남 아시아

※봄가을에 우리 나라를 지나가는 새이며, 주로 5월 초쯤에 볼 수 있다.

솔딱새

학 명 : *Muscicapa sibirica*
영 명 : Dark-sided Flycatcher

'쇠솔딱새', '제비딱새'와 비슷하여 구별하기가 어렵지만, 이 종은 가슴의 전체 깃털이 흐린 편이다. 몸의 윗면은 잿빛이 도는 갈색이고, 목은 흰색, 나머지 아랫면은 잿빛을 띤 흰색이다. 고산지대의 침엽수림이 많은 지역에 서식하며, 번식기에 암컷은 이끼, 깃털, 동물의 털을 이용하여 컵 모양의 둥지를 만든다. 이동 시기에 남부 지방의 외딴 섬에서 볼 수 있다.

▲ 휴식하고 있다.   ▲ 주로 나무 위에서 생활한다.

쇠솔딱새

학 명 : *Muscicapa dauurica*
영 명 : Asian Brown Flycatcher

암수의 깃털은 전체적으로 회갈색이 섞여 있다. 가슴에는 불분명한 회색 줄무늬가 있으며, 꼬리는 짧은 편이다. 큰 눈과 주변에 약간의 흰 테가 있다. 주로 저산 지대의 낙엽 활엽수림에 살며, 단독 또는 암수 함께 활동한다. 번식기에는 활엽수의 나뭇구멍을 이용하여 둥지를 만든다. 이동 시기에 외딴 섬의 작은 숲이나 물가에서 보이며, 내륙 지방에서는 보기 어렵다.

참새목/딱새과

- ◆생활형 / 나그네새
- ◆몸 길이 / 약 13cm
- ◆먹이 / 곤충류
- ◆출현기 / 5월, 10월
- ◆분포 / 아시아 동부, 동남아시아

※봄가을에 우리 나라를 지나가는 새이며, 주로 5월 초쯤에 볼 수 있다.

▲ 수컷

▲ 암컷

참새목/딱새과

- ◆ 생활형 / 여름 철새
- ◆ 몸 길이 / 약 13cm
- ◆ 먹이 / 곤충류의 성충, 나방의 유충, 벌
- ◆ 출현기 / 4~9월
- ◆ 분포 / 한국, 중국, 몽골, 러시아, 동남 아시아
- ※ 일본에서는 번식하지 않고 드물게 지나가기만 하나 우리 나라에서는 번식기에 중부 지방에서 쉽게 볼 수 있다.

흰눈썹황금새

학 명 : *Ficedula zanthopygia*
영 명 : Yellow-rumped Flycatcher

수컷은 머리꼭대기에서 등까지 검은색이며, 눈썹선은 흰색, 턱 밑에서 배까지는 진한 노란색이다. 암컷은 허리의 아랫부분이 노란색이며, 턱 밑과 멱, 가슴은 황백색, 각 깃털의 가장자리는 엷은 녹회색이다. 꼬리덮깃만 암수 모두 노란색이다. 평지와 구릉의 소림이나 활엽수 및 혼합림 등지에 살며, 인공 둥지를 이용하거나 나뭇구멍, 전나무 가지에 둥지를 튼다.

▲ 수컷　　　　　　　　▲ 주로 나무 위에서 생활한다.

황금새

학 명 : *Ficedula narcissina*
영 명 : Narcissus Flycatcher

머리와 등은 짙은 회색빛을 띠고, 가슴은 짙은 노란색, 배는 올리브색을 띤다. '흰눈썹황금새'와 닮았으나 눈썹선과 허리는 노란색이며, 날개에는 흰색 무늬가 있다. 단독 또는 암수가 함께 생활하며, 번식이 끝나면 가족 단위로 관목 숲이나 교목의 높은 꼭대기에 앉아 지내는 등 주로 나무 위에서 생활한다. 드물게 땅 위에서 먹이를 찾을 때도 있다.

참새목/딱새과

- ◆생활형 / 나그네새
- ◆몸 길이 / 약 13.5cm
- ◆먹이 / 여름에는 곤충류, 거미류, 가을에는 콩, 식물의 열매
- ◆출현기 / 5월
- ◆분포 / 일본, 중국, 러시아, 동남 아시아
- ※일본에서는 많이 번식하나 우리 나라에서는 봄에 부산 근처에서 드물게 볼 수 있다.

▲ 나무 꼭대기에 앉아 휴식하는 암컷

참새목/딱새과

◆생활형 / 나그네새
◆몸 길이 / 약 11cm
◆먹이 / 곤충류
◆출현기 / 5월, 10월
◆분포 / 한국, 일본, 중국, 러시아, 동남 아시아
※5월경에 평지의 높은 나무 꼭대기로 날아가면서 '쭈이 쭈이' 하고 운다.

노랑딱새

학 명 : *Ficedula mugimaki*
영 명 : Mugimaki Flycatcher

'황금새'보다 작다. 수컷의 가슴은 노란색이고, 머리, 등, 날개와 꼬리 끝은 검은색이다. 수컷은 눈에 띄는 흰색 점이 있다는 것이 특징이다. 암컷의 등은 회갈색이고, 턱 밑과 멱, 가슴은 붉은 황토색이다. 번식기에는 활엽수림이 무성한 물가 근처의 나뭇구멍에 둥지를 만든다. 봄에 서울 근교의 큰 참나무가 많은 숲에서 쉽게 볼 수 있으나 가을에는 좀처럼 보기 어렵다.

▲ 수컷　　　　　　　　　　▲ 암컷

흰꼬리딱새

학 명 : *Ficedula parva*
영 명 : Red-breasted Flycatcher

딱새 종류 중에서 작은 종에 속하며, 몸 전체는 황갈색을 띠고 배는 올리브색이다. 수컷은 턱 밑에 붉은 점이 있지만 암컷은 없다. 날개는 어두운 갈색에 깃털 가장자리만 색이 엷으며, 앉아 있을 때 꼬리를 까딱까딱 움직인다. 망그로브 숲, 난초가 있는 초원, 넓은 관목림에 서식하며, 번식기에는 활엽수림이 무성한 물가 근처의 나뭇구멍에 둥지를 튼다.

참새목/딱새과

◆생활형 / 미조
◆몸 길이 / 약 11cm
◆먹이 / 곤충류, 겨울에는 나무 열매
◆출현기 / 5월, 10월
◆분포 / 한국, 중국, 러시아, 동남 아시아, 유럽
※주로 내륙 지방인 경기도 남한산성 산림에서 1~2마리를 볼 수 있다.

▲ 암컷

▲ 이른 봄 짝을 찾는 수컷

참새목/딱새과

- ◆생활형 / 여름 철새
- ◆몸 길이 / 약 16.5cm
- ◆먹이 / 곤충류, 겨울에는 나무 열매
- ◆출현기 / 4~9월
- ◆분포 / 한국, 일본, 중국, 러시아, 동남 아시아
- ※봄에 깊은 산 계곡에서 아름다운 울음소리를 많이 들을 수 있다.

큰유리새

학 명 : *Cyanoptila cyanomelaena*
영 명 : Blue and White Flycatcher

수컷은 등이 보라색을 띤 짙은 푸른색이고, 머리 꼭대기는 연푸른색이다. 암컷은 수컷과 달리 갈색을 띠며, 눈 주위에 흰 테가 있다. 대개 암수가 함께 나무 위에서 생활한다. 수컷은 번식기에 일정한 세력권을 가진다. 절벽이나 골짜기의 낙엽활엽수림 속에서 번식하며, 바위나 절벽의 흙 속에 둥지를 트는데, 드물게는 얕은 나뭇구멍, 가옥의 처마 밑에 둥지를 틀기도 한다.

▲ 나무 열매를 먹고 있다.

파랑딱새

학 명 : *Eumyias thalassinus*
영 명 : Asian Verditer Flycatcher

몸 전체의 깃털은 파란색을 띠며, 아랫면이 윗면보다 뚜렷하게 엷은 색이다. 주로 산림 지대에 살며, 번식기에는 해발 1200~3050m의 높은 산에서 작은 나뭇가지 사이에 둥지를 튼다. 파란색의 깃털을 가지고 있으며, 고산 조류이므로 쉽게 눈에 띈다. 우리 나라에서는 2002년에 전남 흑산도와 가거도에서 처음 발견되었으며, 매우 드물게 볼 수 있다.

참새목/딱새과

- ◆생활형 / 미조
- ◆몸 길이 / 약 17cm
- ◆먹이 / 곤충류, 겨울에는 나무 열매
- ◆출현기 / 5월
- ◆분포 / 히말라야, 동남 아시아

※외딴 섬 상록수림에서 매우 드물게 볼 수 있다.

▲ 먹이를 찾는 수컷
◀ 암컷

참새목/참새과

◆생활형 / 텃새
◆몸 길이 / 약 14cm
◆먹이 / 풀씨, 장과, 곤충류, 거미류
◆출현기 / 사계절
◆분포 / 한국(울릉도), 일본, 중국, 동남 아시아
※ '참새'가 거의 없는 울릉도에서는 사계절 내내 쉽게 볼 수 있고, 겨울에는 경북 포항 근처에서도 볼 수 있다.

섬참새

학 명 : *Passer rutilans*
영 명 : Russet Sparrow

'참새'와 비슷하나 암수의 색깔이 서로 다르다. 수컷은 등 쪽에 붉은빛이 강하며, 얼굴에 검은빛이 없다. 턱과 목의 중앙은 검은색이다. 암컷의 깃은 희미하며, 목에 검은 부분이 없고 흰색의 눈썹 반점은 뚜렷하다. 도서 지방의 숲 속, 농경지의 덤불 속에서 서식한다. 번식기에는 암수 또는 가족 무리로 생활하며, 교목의 나뭇구멍이나 인가에서 번식한다.

▲ 무리지어 겨울을 난다.

◀ 휴식하고 있다.

참새

학 명 : *Passer montanus*
영 명 : Eurasian Tree Sparrow

암수의 깃털 색깔은 같다. 머리와 등은 고동색, 가슴과 배는 올리브색을 띤다. 눈 밑에는 흰색 바탕에 검은색 점이 있고, 부리에는 검은색의 큰 점이 있다. 인가 근처에서 가장 흔히 볼 수 있다. 번식기에는 암수가 짝을 이루어 생활하나 가을과 겨울철에는 무리지어 생활을 한다. 처마 밑이나 벽의 틈, 나뭇구멍, 둥지 상자, 목재나 장작을 쌓아올린 틈 사이에도 둥지를 튼다.

참새목/참새과

- ◆ 생활형 / 텃새
- ◆ 몸 길이 / 약 14cm
- ◆ 먹이 / 농작물의 낟알, 나무 열매, 여름에는 딱정벌레, 나비, 유충 등의 곤충류
- ◆ 출현기 / 사계절
- ◆ 분포 / 한국, 일본, 중국, 타이완, 필리핀, 러시아

※ 우리 나라의 논밭 근처나 도시의 공원에서 가장 많이 볼 수 있는 새이다.

▲ 이동 중 길을 잃어 외딴 섬에서 먹이를 찾고 있다.

참새목/십자매과

- 생활형 / 미조
- 몸 길이 / 약 11cm
- 먹이 / 곡류, 풀씨, 번식기에는 곤충류
- 출현기 / 5월
- 분포 / 중국 남부, 타이완, 미얀마, 파키스탄, 스리랑카, 인도, 부탄

※ 동남 아시아 등지에 많이 사는 작은 새이다.

중국십자매 (얼룩무늬납부리새)

학 명 : *Lonchura punctulata*
영 명 : Scaly-breasted Munia

머리와 등은 황갈색을 띠며, 가슴과 배는 주로 흰색이지만 가슴부터 날개 밑까지 검은 얼룩무늬가 있는 것이 특징이다. 부리는 '방울새'의 부리와 비슷하게 굵다. 주로 논밭 근처나 열린 공간이 있는 산림 지역에서 번식하고, 번식이 끝나면 무리지어 생활한다. 천적은 '조롱이'와 같은 맹금류들이다. 우리 나라에는 이동 중 길을 잃어 매우 드물게 찾아온다.

▲ 높은 산에서 겨울을 난다.

바위종다리

학 명 : *Prunella collaris*
영 명 : Alpine Accentor

암수의 깃털 색깔은 비슷하다. 머리와 등, 가슴은 잿빛이 노는 검은색이고, 턱 밑과 멱에는 흰색 가로무늬가 빽빽하다. 가슴 아랫면은 갈색이고 약간의 흰색 세로무늬가 있다. 고산 조류이며, 번식기에는 높은 산 암벽이 있는 곳에 산다. 번식이 끝나면 깃털은 어두운 갈색과 회색을 띠게 되므로 쉽게 눈에 띠지 않는다. 주로 7~8마리씩 작은 무리를 지어 먹이를 찾는다.

참새목/바위종다리과

- ◆생활형 / 겨울 철새
- ◆몸 길이 / 약 18cm
- ◆먹이 / 봄여름의 번식기에는 곤충류, 가을, 겨울에는 고산 지대의 풀씨
- ◆출현기 / 11~12월, 1~2월
- ◆분포 / 한국, 일본, 중국, 몽골
- ※겨울에 서울 백운대 정상에 20~30마리가 찾아오며, 여름에는 백두산 천지에서 흔히 볼 수 있다.

▲ 덤불에서 쉬고 있다.   ▲ 몸은 황갈색을 띠어 눈에 잘 띄지 않는다.

참새목/바위종다리과

- 생활형 / 겨울 철새
- 몸 길이 / 약 18cm
- 먹이 / 겨울에는 작은 나무 열매, 풀씨
- 출현기 / 12월, 1~2월
- 분포 / 한국, 중국, 몽골, 러시아, 유럽, 알래스카
- ※2000년 이후 매우 보기 드문 새이다.

멧종다리

학 명 : *Prunella montanella*
영 명 : Siberian Accentor

몸의 깃털이 황갈색과 흐린 검은색이므로 눈에 잘 띄지 않는다. 머리 위와 눈 주위는 검은색이며, 눈썹과 턱 밑은 황갈색이다. 보통 단독 또는 암수가 함께 생활하나, 겨울철에는 5마리 내외가 무리를 지어 외딴 시골이나 논밭 근처의 계곡, 평지의 가시덤불 위에서 생활한다. 수목의 땅 위 가까이나 벌채 후의 나무 뿌리 위 또는 지상 약 2.5m 높이에 둥지를 튼다.

▲ 둥지 부근에서 경계하고 있다.

물레새

학 명 : *Dendronanthus indicus*
영 명 : Forest Wagtail

참새목/할미새과

- ◆생활형 / 여름 철새
- ◆몸 길이 / 약 16cm
- ◆먹이 / 작은 벌레
- ◆출현기 / 4~9월
- ◆분포 / 한국, 일본, 중국, 동남 아시아

눈 앞과 귀깃은 올리브색을 띤 잿빛이며, 턱 밑이하 아랫면은 흰색이다. 가슴에는 갈색을 띤 검은색 가로띠 2개와 그 아래로 이어진 세로띠가 T자 모양의 무늬를 이룬다. 날개깃은 갈색이고, 암컷은 수컷보다 작으며, 깃털의 색깔은 같다. 부리는 다소 굵다. 특이하게 꼬리를 좌우로 흔들며, 암수가 함께 생활한다. 낙엽 활엽수림이나 시냇가의 나무 꼭대기에 작은 둥지를 튼다.

※ 물레가 도는 소리를 내므로 '물레새'란 이름이 붙여졌으며, 2000년을 전후하여 우리 나라에서 거의 사라진 새이다.

▲ 눈썹선은 흰색이며 가늘다.
◀ 이동 중 외딴 섬에서 먹이를 찾고 있다.

참새목/할미새과

- ◆생활형 / 나그네새
- ◆몸 길이 / 약 17cm
- ◆먹이 / 날파리, 딱정벌레 등의 작은 곤충류
- ◆출현기 / 5월, 10월
- ◆분포 / 한국, 일본, 중국, 러시아, 동남 아시아
- ※긴발톱할미새류 중 눈 위의 흰 깃털이 아주 작고 가늘어서 쉽게 구별된다.

흰눈썹긴발톱할미새

학 명 : *Motacilla flava simillima*
영 명 : Yellow Wagtail

'긴발톱할미새'와 비슷하나 가슴, 배, 등의 색깔이 옅다. 머리 부분의 깃털이 진하고, 눈 위와 뒤의 눈썹선이 흰색이며 가늘다. 긴발톱할미새류는 눈 위의 눈썹 색깔이 노란색인지 흰색인지, 또는 흰색 부위의 크기 등으로 쉽게 구별할 수 있다. 번식기에는 주로 계곡이나 강가 주변에서 흔히 볼 수 있다.

▲ 눈썹선은 노란색이며 길다.

◀ 어린새

긴발톱할미새

학 명 : *Motacilla flava taivana*
영 명 : Yellow Wagtail

'노랑할미새'와 비슷하나 머리꼭대기와 뺨은 싙은 회색이다. 몸의 아랫면과 눈썹선은 노란색인데, 겨울에는 흰색을 띤다. 어린새는 등 뒤에 약간의 회색 깃털이 있다. '노랑할미새'는 해안가 들판의 논밭에서 살지 않기 때문에, 이러한 환경에서 관찰되면 아종인 '흰눈썹긴발톱할미새'인지 먼저 확인해야 한다. 이동 시기에 전남 흑산도의 도랑 근처에서 흔히 볼 수 있다.

참새목/할미새과

- ◆생활형 / 나그네새
- ◆몸 길이 / 약 17cm
- ◆먹이 / 날파리, 딱정벌레 등의 작은 곤충류
- ◆출현기 / 5월, 10월
- ◆분포 / 한국, 일본, 중국, 러시아, 동남 아시아

※긴발톱할미새류 중 눈썹선이 가장 길어서 쉽게 구별된다.

▲ 물가에서 휴식하고 있다.

참새목/할미새과

- ◆생활형/미조
- ◆몸 길이/약 17cm
- ◆먹이/곤충류, 거미류
- ◆출현기/5월, 10월
- ◆분포/한국, 중국, 러시아, 동남 아시아
- ※다른 할미새 종류와 달리 머리와 앞가슴의 깃털이 노란색이어서 쉽게 구별된다.

노랑머리할미새

학 명 : *Motacilla citreola*
영 명 : Citrine Wagtail

'노랑할미새'보다 약간 작다. 머리 부분이 노란색을 띠는 것이 가장 큰 특징이다. 등, 날개, 꼬리는 회색을 띤다. 번식기에는 강가 주변이나 습지 또는 물기가 있는 초원의 바닥에 둥지를 튼다. 유럽 등지의 북쪽 지역에서 번식한다. 매년 이동 시기에 길을 잃어 찾아오는데, 전남 흑산도의 개울가나 도랑에서 드물게 볼 수 있다.

▲▲ 묵은 논에서 먹이를 찾는 수컷
▲ 둥지의 새끼새
◀ 먹이를 물고 있는 암컷

노랑할미새

학 명 : *Motacilla cinerea*
영 명 : Grey Wagtail

이마, 머리, 뒷목, 어깨깃은 회색이고 턱 밑과 목은 검은색인데, 봄철에는 초록색 또는 올리브빛을 띤 노란색으로 변한다. 눈 위에는 흰색의 눈썹선이 있는데, 겨울철에는 연한 갈색을 띤다. 먹이는 개울가에서 구하며, 주로 해발 1000m 이상 되는 높은 산의 물가나 평지 마을 근처의 계곡에서 번식한다. 인가의 처마 끝이나 바위틈에 밥그릇 모양의 둥지를 만든다.

참새목/할미새과

- ◆생활형/여름 철새
- ◆몸 길이/약 20cm
- ◆먹이/파리, 딱정벌레, 나비 등의 곤충류
- ◆출현기/3~9월
- ◆분포/한국, 일본, 중국, 러시아, 동남 아시아
- ※번식기에 둥지 근처에 접근하면 큰 소리로 울고 꼬리를 흔들므로 쉽게 찾을 수 있으나, 최근에는 매우 드물다.

▲ 이동 중 휴식하고 있다.

▶ 바닷가에서 먹이를 찾고 있다.

참새목/할미새과

◆ 생활형 / 나그네새
◆ 몸 길이 / 약 20cm
◆ 먹이 / 곤충류, 거미류
◆ 출현기 / 5월, 10월
◆ 분포 / 한국, 일본, 중국, 러시아, 동남 아시아
※ 동해안의 민물이 흐르는 개울에서 흔히 볼 수 있었으나 최근에는 이동시 전남 흑산도 등의 외딴 섬에서 드물게 볼 수 있다.

검은턱할미새

학 명 : *Motacilla alba ocularis*
영 명 : White Wagtail

머리꼭대기는 검고 등은 잿빛이다. 턱 밑에 작은 흰색 무늬가 있으며, 목 전체가 검은색이다. 겨울깃의 둘째 날개깃 바깥쪽의 대부분은 어두운 갈색이거나 검은색이며, 흰색이 없는 점이 '백할미새'와 다르다. 부리는 짧은 편이며, 번식기의 깃은 '백할미새'의 겨울깃과 비슷하다. 다른 할미새 종류에 비해 머리와 가슴이 매우 검기는 하지만 구별하기가 어렵다.

▲ 수컷 겨울깃 　　　　　　▲ 수컷 여름깃

백할미새

학 명 : *Motacilla alba lugens*
영 명 : White Wagtail

수컷의 등은 검은색이고, 암컷은 흐린 회색이다. 머리와 가슴의 검은색도 수컷보다 연하다. '알락할미새'와 달리 이마에서 머리꼭대기까지가 흰색이며, 검은 눈선과 하얀 꼬리깃의 가장자리가 돋보인다. 겨울깃은 전체적으로 흐려 거의 회색과 흰색에 가깝다. 긴 꼬리를 위아래로 흔드는 습성이 있다. 주로 바닷가, 개울가 모래밭 근처에서 서식하나 최근에는 거의 보이지 않는다.

참새목/할미새과

- ◆생활형 / 나그네새
- ◆몸 길이 / 약 18cm
- ◆먹이 / 딱정벌레, 파리, 벌, 나비, 잠자리, 메뚜기, 매미, 날도래 등의 곤충류, 거미류
- ◆출현기 / 5월, 10월
- ◆분포 / 한국, 일본, 중국, 러시아. 동남 아시아에서 월동
- ※동해나 서해 바닷가에서 볼 수 있다.

▲ 새끼에게 줄 먹이를 물고 있는 어미새
◀ 알

참새목/할미새과

- ◆생활형 / 여름 철새
- ◆몸 길이 / 약 21cm
- ◆먹이 / 거미류, 곤충류
- ◆출현기 / 3~9월
- ◆분포 / 한국, 중국, 러시아. 동남 아시아에서 월동
- ※우리 나라의 할미새 종류 중 가장 흔한 새였으나 최근에는 매우 드물어졌다.

알락할미새

학 명 : *Motacilla alba leucopsis*
영 명 : White Wagtail

윗머리와 앞가슴, 꼬리는 검은색, 등은 회색을 띠며, 나머지 몸통은 흰색을 띤다. 어린새는 어미새에 비해 얼굴이 노랗고, 앞가슴의 검은 패치가 작은 편이다. 주로 숲 속 주변이나 물가를 좋아하며, 먹이를 발견하기 쉬운 땅바닥에서 많이 볼 수 있다. 번식을 마친 무리는 둥지를 떠난 어린새를 포함하여 한 곳에 모여 잠을 잔다. 돌무더기나 건물 틈새에 둥지를 튼다.

▲ 큰 강가에서 먹이를 찾는 수컷

검은등할미새

학 명 : *Motacilla grandis*
영 명 : Japanese Pied Wagtail

머리는 검은색이고 이마는 흰색이다. 눈 위에는 흰색의 눈썹선이 있다. 등, 어깨, 허리, 꼬리는 짙은 검은색인데, 가을철에는 어깨깃의 가장자리가 잿빛 석판색을 띤다. 아랫가슴, 배, 겨드랑이는 흰색이다. 수컷의 등의 깃털은 여름이나 겨울에는 검고, 암컷은 회색이기 때문에 암수 구별이 쉽다. 자갈이 많은 평지의 개울가나 큰 강가에서 흔히 볼 수 있다.

참새목/할미새과

- ◆생활형 / 텃새
- ◆몸 길이 / 약 21cm
- ◆먹이 / 곤충류
- ◆출현기 / 사계절
- ◆분포 / 한국, 일본, 러시아

※할미새 종류 중 유일하게 토종 텃새이다. 동해안의 큰 강에서 흔히 볼 수 있고, 내륙 지방의 동강에서도 볼 수 있다. 그러나 서쪽 개울에서는 살지 않는다.

▲ 몸은 황갈색을 띠어 눈에 잘 띄지 않는다.

◀ 주위를 살피고 있다.

참새목/할미새과

◆생활형 / 나그네새
◆몸 길이 / 약 18cm
◆먹이 / 딱정벌레, 메뚜기, 파리, 나비 등의 곤충류
◆출현기 / 5월
◆분포 / 한국, 일본, 중국, 몽골, 러시아

큰밭종다리

학 명 : *Anthus richardi*
영 명 : Richard's Pipit

긴 꼬리와 다리를 가지고 있다. 수컷은 눈썹선과 귀깃이 황갈색이고, 암컷은 수컷과 거의 비슷하나 약간 작다. 몸 전체가 보호색인 황갈색을 띠고 있어 관찰하기가 어렵다. 물가, 하천, 소택지 등에서 가까운 초지나 고산 초지에서 번식한다. 둥지는 풀뿌리 밑에 있고, 주위는 풀로 덮여 있을 때가 많다. 이동 시기에 남부 지방의 외딴 섬에서 드물게 볼 수 있다.

▲ 큰 개울가에서 먹이를 찾고 있다.

쇠밭종다리

학 명 : *Anthus godlewskii*
영 명 : Blyth's Pipit

몸의 윗면은 갈색, 아랫면은 크림색이다. 크림색 눈썹선이 뚜렷하다. 꼬리는 길고, 다른 할미새 종류와 비슷하다. 어린새는 가을에 낙엽색을 띠며, 가슴에 세로줄 무늬가 생겨 '큰밭종다리'와 모습이 비슷해진다. 단독 또는 암수가 주로 땅 위에서 생활하는데, 빨리 걸으면서 먹이를 찾는다. 날 때에는 날개를 퍼덕이기도 하고 큰 호를 그리며 난다.

참새목/할미새과

- ◆생활형/겨울 철새
- ◆몸 길이/약 17cm
- ◆먹이/딱정벌레, 메뚜기, 나비 등의 유충과 성충, 볍씨
- ◆출현기/12월, 1~2월
- ◆분포/중국, 몽골, 러시아

※겨울에 200여 마리가 집단으로 찾아온다. 주로 논에서 볍씨를 먹으며, 경기도 안산에서 볼 수 있다.

▲ 이동 중 외딴 섬에서 휴식하고 있다.

참새목/할미새과

◆생활형 / 미조
◆몸 길이 / 약 15cm
◆먹이 / 딸기류, 번식기에는 곤충류
◆출현기 / 5월
◆분포 / 중국, 몽골, 러시아
※원산지가 유럽이므로 '유럽밭종다리' 라고도 한다. 유럽에서 이동할 때 길을 잃고 우리 나라로 찾아온 것으로 보인다.

나무밭종다리

학 명 : *Anthus trivialis*
영 명 : Tree Pipit

몸 전체가 황갈색의 보호색을 띤다. 몸집은 '밭종다리' 보다 약간 작고, 가슴과 배에는 흰 바탕에 검은 선이 있으며, 점이 길게 배열되어 있는 것이 특징이다. 눈 주위에는 흰 테가 있다. 서식지는 열린 공간이 있는 침엽수림을 선호하며, 번식기에는 지면에 둥지를 튼다. 이동 시기에 전남 흑산도와 전북 어청도 등에서 매우 드물게 1~2마리를 볼 수 있다.

▲ 부리가 가늘고 길다.

힝둥새

학 명 : *Anthus hodgsoni*
영 명 : Olive-backed Pipit

몸 전체가 황갈색을 띠며, 가슴과 배에는 흰 바탕에 검은 점들이 있다. 머리와 가슴 사이에는 약간 검은 구분선이 보인다. 부리는 가늘고 길며 갈색을 띤다. 암컷은 수컷과 비슷하다. 여름철에는 암수가 함께 생활하고, 번식기의 수컷은 일정한 서식 영역을 가진다. 주로 논밭이나 깨밭에서 생활하며, 둥지는 지면에 튼다. 백두산 등의 높은 산 주변 산림에서 적은 수가 번식한다.

참새목/할미새과

- ◆생활형 / 나그네새
- ◆몸 길이 / 약 15cm
- ◆먹이 / 여름에는 딱정벌레, 파리, 나비, 메뚜기, 매미 등의 곤충류, 거미류. 가을, 겨울에는 벼과 식물의 씨, 열매
- ◆출현기 / 5월, 10월
- ◆분포 / 한국, 일본, 중국, 몽골, 러시아. 동남 아시아에서 월동

▲ 주로 땅 위에서 먹이를 찾는다.

참새목/할미새과

◆생활형 / 미조
◆몸 길이 / 약 14cm
◆먹이 / 딱정벌레, 메뚜기, 파리 등의 곤충류, 거미류
◆출현기 / 5월
◆분포 / 중국, 몽골, 러시아
※이동 시기에 전남 흑산도 등에서 드물게 볼 수 있다.

흰등밭종다리

학 명 : *Anthus gustavi*
영 명 : Pechora Pipit

몸은 갈색을 띠고, 등에는 세로줄 무늬 외에 2줄의 푸르스름한 흰색 세로줄 무늬가 있다. 허리에도 넓은 갈색 줄무늬가 있다. 날개에는 흰색 줄이 2개 있다. 주로 땅 위에서 먹이를 찾으며, 관목 밑이나 풀밭 덤불 속으로 들어가 활동할 때가 많다. 땅 위나 나무 위에서는 꼬리를 끊임없이 위아래로 흔드는 습성이 있다. 번식기에는 초원이나 습지에 둥지를 튼다.

산새

▲ 주위를 살피고 있다.   ▲ 바닷가에서 휴식하고 있다.

붉은가슴밭종다리

학 명 : *Anthus cervinus*
영 명 : Red-throated Pipit

몸의 윗면은 황갈색이고 아랫면은 흰색이다. 가슴과 등에 검은색 세로줄 무늬가 있다. 여름깃은 얼굴이나 목이 적갈색이다. 날개에는 흰색 줄이 2개 있다. 다리는 엷은 적갈색을 띤다. 여름철에는 암수가 같이 생활하며, 겨울철에는 무리를 짓는다. 주로 땅 위에서 먹이를 찾고, 산간 지역이나 습한 초지의 약간 팬 곳에 둥지를 튼다.

참새목/할미새과

- ◆생활형 / 나그네새
- ◆몸 길이 / 약 18cm
- ◆먹이 / 곤충류, 겨울에는 잡초의 씨
- ◆출현기 / 5월, 10월
- ◆분포 / 중국, 몽골, 러시아
- ※이동 시기에 바닷가 풀밭에서 볼 수 있으며, 짠물에 가까운 풀밭에서 쉽게 볼 수 있다.

▲ 추운 겨울에 먹이를 찾고 있다.

참새목/할미새과

- ◆생활형 / 나그네새
- ◆몸 길이 / 약 16cm
- ◆먹이 / 곤충류, 풀씨
- ◆출현기 / 5월, 10월
- ◆분포 / 한국, 일본, 중국, 몽골, 러시아, 동남 아시아
- ※10월에 내륙 지방의 들깨밭이나 조밭 등에서 많이 볼 수 있었으나 지금은 봄에 외딴 섬인 전남 흑산도에서 볼 수 있다.

밭종다리

학 명 : *Anthus spinoletta*
영 명 : Water Pipit

일반적으로 녹갈색 계통의 보호색을 띠고 있다. 다른 밭종다리 종류에 비해 머리와 등 뒤의 색깔이 옅은 편이며, 날개에 흰 줄이 2개 있다. 꼬리는 다른 할미새 종류만큼 길지 않지만 꼬리를 위아래로 흔드는 습성이 있다. 목장이나 초원 등지에 서식하며, 번식기에는 고산 지대의 바위로 이루어진 곳에 둥지를 튼다. 이동 시기에 논밭 근처에서 볼 수 있다.

▲▲ 나무 열매를 먹고 있다.　▲ 밭에서 먹이를 찾는 무리

되새

학 명 : *Fringilla montifringilla*
영 명 : Brambling

수컷은 턱 밑과 목을 제외한 머리의 깃털이 회색이며, 앞가슴은 갈색을 띤다. 날개에는 갈색 줄이 1개 있다. 암컷은 수컷과 비슷하나 머리와 등의 깃 가장자리는 수컷처럼 선명하지 않다. 부리는 짧고 굵은 편이다. 자작나무, 전나무, 소나무 숲에서 1~3m 높이의 나뭇가지에 둥지를 튼다. 겨울에 우리 나라 전역의 농경지, 구릉, 숲 등에서 큰 무리를 볼 수 있다.

참새목/되새과

- ◆생활형 / 겨울 철새
- ◆몸 길이 / 약 16cm
- ◆먹이 / 곡류, 여뀌과 식물의 씨, 나무 열매
- ◆출현기 / 10~12월, 1~3월
- ◆분포 / 한국, 일본, 중국, 러시아
- ※겨울에는 20~50마리씩 무리지어 주로 들깨밭 등에 찾아오고, 경기도 광릉 산림에서 생활한다.

▲ 나뭇가지에서 휴식하는 암컷

◀ 어린새

참새목/되새과

- ◆생활형 / 텃새
- ◆몸 길이 / 약 13cm
- ◆먹이 / 곡류, 풀씨
- ◆출현기 / 사계절
- ◆분포 / 한국, 일본, 중국, 러시아
- ※경기도 파주, 강원도 민통선 근처에서 많이 볼 수 있었으나 최근에는 남부 지방과 경북 울릉도의 나리 분지에서만 쉽게 볼 수 있다.

방울새

학 명 : *Carduelis sinica*
영 명 : Oriental Greenfinch

몸 전체는 황갈색이며, 머리는 짙은 회색을 띤다. 암컷보다 수컷의 색이 더 진하다. 날 때에는 날개에 노란색 큰 패치가 눈에 띈다. 날개 끝과 꼬리 끝에는 검은색 부분이 있다. 부리는 노란색으로 짧고 굵다. 잎이 무성한 상록수 끝에 둥지를 튼다. 평지의 논밭 근처에서 볼 수 있으며, 그 주변의 소나무 숲에서 이른 봄에 번식을 한다. 번식이 끝나면 무리 생활을 한다.

▲ 민들레씨를 까 먹는 암컷　　▲ 쉬고 있는 수컷

검은머리방울새

학 명 : *Carduelis spinus*
영 명 : Eurasian Siskin

방울새 종류 중에서 가장 작다. 수컷은 머리 위가 검고, 뒷목, 등, 어깨 등의 윗면은 누런 녹색 바탕에 검은색 줄무늬가 있다. 아랫면은 노란색이다. 암컷은 전체적으로 잿빛이 도는 연한 녹색이고, 배는 흰색이다. 번식기에는 향나무와 같은 침엽수림을 좋아하며, 번식이 끝난 후에는 큰 무리를 지어 생활한다. 최근에는 드물게 볼 수 있다.

참새목/되새과

- ◆생활형 / 겨울 철새
- ◆몸 길이 / 약 12.5cm
- ◆먹이 / 소나무 및 화본과 식물의 씨, 풀씨, 번식기에는 곤충류
- ◆출현기 / 11~12월, 1~4월
- ◆분포 / 한국, 일본, 중국, 러시아
- ※시골에서 울음소리를 듣기 위해 기르던 새이다.

▲ 미성숙한 수컷

참새목/되새과

- ◆생활형 / 미조
- ◆몸 길이 / 약 17cm
- ◆먹이 / 풀씨, 번식기에는 곤충류, 거미류
- ◆출현기 / 11~12월, 1~2월
- ◆분포 / 중국, 몽골, 러시아
- ※겨울에 1~2마리가 논밭 근처에 찾아와 풀씨를 까 먹는 것을 볼 수 있다.

갈색양진이

학 명 : *Leucosticte arctoa*
영 명 : Asian Rosy Finch

중간 크기의 방울새 종류로, 분홍색의 날개와 전체적으로 어두운 갈색 깃털을 가진 것이 특징이다. 수컷은 암컷에 비해 진한 색의 깃털을 가지고 있어서 암수 구별이 쉽다. 부리는 노란색으로 짧고 굵다. 주로 암수가 같이 생활하거나 작은 무리를 지어 땅바닥이나 낮은 초목 지역에서 먹이를 찾는다. 추운 겨울에 매우 드물게 볼 수 있다.

산새

▲ 수컷

▲ 암컷

긴꼬리홍양진이

학 명 : *Uragus sibiricus*
영 명 : Long-tailed Rosefinch

수컷은 등 쪽이 장밋빛 바탕에 약간 회색을 띠며, 가슴과 꼬리, 등이 붉고 꼬리는 길다. 날개에 흰색 줄이 2개 있다. 수컷은 가슴이 진한 붉은색이나 암컷은 옅은 낙엽색이다. 수컷과 암컷은 주로 따로 돌아다닌다. 바닷가 관목림, 개천가 버드나무 등의 가지 위에 나무 껍질, 마른 풀, 풀뿌리 등으로 둥지를 틀고, 바닥에는 마른 풀이나 동물의 털 등을 깐다. 평지의 논밭이나 산림 지역의 낮은 덤불에 서식한다.

참새목/되새과

◆생활형 / 겨울 철새
◆몸 길이 / 약 15cm
◆먹이 / 여름에는 곤충류, 겨울에는 풀씨
◆출현기 / 11~12월, 1~2월
◆분포 / 한국, 일본, 중국, 몽골, 러시아, 동남 아시아
※추운 겨울 외딴 시골의 논밭 근처에 찾아오며, 사람이나 천적이 올 때에는 가시덤불에 숨는다. 최근에는 보기 어렵다.

▲ 수컷
◀ 암컷

참새목/되새과

적원자

학 명 : *Carpodacus erythrinus*
영 명 : Common Rosefinch

◆ 생활형 / 나그네새
◆ 몸 길이 / 약 15cm
◆ 먹이 / 잡초·나무의 씨, 관목의 눈, 딱정벌레 등의 곤충류
◆ 출현기 / 5월, 10월
◆ 분포 / 한국, 중국, 몽골, 러시아

※ 가을에 전남 흑산도 등에서 1~2마리가 보였으나 최근에는 매우 드물다. 가을의 깃털은 피의 색깔과 비슷하다.

수컷은 이마에서 뒷머리까지는 진한 다홍색으로 너비가 좁은 갈색의 가장자리가 있고, 눈 앞은 갈색이며, 귀깃은 적갈색이다. 암컷은 수컷과 달리 보호색으로 황갈색을 띤다. 꼬리는 회갈색인데, 암컷에 비해 수컷의 색이 더 진하다. 날개에는 흰 줄이 2개 있다. 땅 위에 내려앉는 일은 드물고, 파도 모양을 그리며 날아간다. 번식기에는 습지 근처의 물가나 자작나무 숲에 살고, 특히 작은 풀이 많은 숲을 좋아한다.

▲ 수컷

◀ 암컷

양진이

학 명 : *Carpodacus roseus*
영 명 : Pallas's Rosefinch

수컷은 머리가 적홍색이고, 이마와 목은 은백색이다. 등은 빨간색과 검은색의 세로줄 무늬가 있다. 날개와 꼬리는 흑갈색이고, 아랫면은 거의 빨간색이며, 배는 흰색이다. 암컷의 윗면은 흐린 갈색이고, 암갈색의 세로줄 무늬가 있으며, 이마는 붉은색이다. 목, 가슴은 담황색이고, 흑갈색의 세로줄 무늬가 있다. 대개 20여 마리가 무리를 지어 다닌다.

참새목/되새과

- ◆ 생활형/겨울 철새
- ◆ 몸 길이/약 16cm
- ◆ 먹이/풀씨, 나무 열매
- ◆ 출현기/12월, 1~3월
- ◆ 분포/한국, 일본, 중국, 몽골, 러시아
- ※ 외딴 시골의 논밭 근처에 무리지어 찾아오며, 최근에는 예전과 달리 매우 적은 수가 찾아온다.

▲ 암컷 ▲ 추운 겨울 침엽수림에서 먹이를 찾는 수컷

참새목/되새과

- ◆생활형 / 겨울 철새
- ◆몸 길이 / 약 14cm
- ◆먹이 / 잣, 솔씨
- ◆출현기 / 12월, 1~2월
- ◆분포 / 한국, 일본, 중국, 몽골, 러시아
- ※예수가 십자가에 못 박혔을 때, 그 못을 뽑다가 부리가 어긋나게 되었다는 전설이 있다.

솔잣새

학 명 : *Loxia curvirostra*
영 명 : Red Crossbill

수컷은 몸 전체가 핏빛의 붉은색을 띠고, 암컷은 흐린 검은 갈색을 띤다. 지구상의 새 8600여 종 중 유일하게 암수 모두 부리가 어긋난 모양을 하고 있다. 겨울에 날아오는 매우 드문 철새로 솔씨를 좋아하며, 주로 소나무 숲에 산다. 1960년대에는 경기도 광릉의 산림에서 무리지어 솔씨를 먹는 개체를 많이 볼 수 있었으나, 요즘은 매년 충남 서산이나 경기도 광릉 등지에서 4~5마리를 드물게 볼 수 있다.

▲ 단풍나무의 씨를 먹는 수컷

◀ 암컷

멋쟁이

학 명 : *Pyrrhula pyrrhula rosacea*
영 명 : Eurasian Bullfinch

수컷은 머리와 턱 밑이 검은색이고, 등은 푸른빛이 도는 회색이며, 허리는 흰색, 아랫면은 회색이다. 목은 장밋빛이 도는 붉은색이다. 암컷도 비슷한 색깔이나 아랫면은 잿빛이 도는 갈색이고, 목은 붉은색을 띠지 않는다. 날개에는 검은 바탕에 1개의 회색 줄이 있다. 주로 깊은 산골의 계곡과 시야가 좋은 나무에서 볼 수 있다. 번식기에는 침엽수림이나 혼합림을 좋아한다.

참새목/되새과

- ◆생활형 / 겨울 철새
- ◆몸 길이 / 약 15cm
- ◆먹이 / 씨나 열매, 벚나무의 순, 여름에는 곤충류
- ◆출현기 / 12월, 1~3월
- ◆분포 / 한국, 일본, 중국, 몽골, 러시아
- ※깃털이 아름답다고 하여 '멋쟁이'란 이름이 붙여졌다. 예부터 예쁜 새로 알려져 많이 잡아다 집에서 길렀다.

▲ 추운 겨울에 나뭇가지에 앉아 휴식하고 있다.

참새목/되새과

콩새

학 명 : *Coccothraustes coccothraustes*
영 명 : Hawfinch

◆생활형 / 겨울 철새
◆몸 길이 / 약 18cm
◆먹이 / 나무 열매, 곤충류
◆출현기 / 11~12월, 1~3월
◆분포 / 한국, 일본, 중국, 몽골, 러시아
※몸이 둥글다고 하여 '콩새'란 이름이 붙여졌다. 예전에는 이 새가 흔해서 쉽게 잡아다가 집에서 기르기도 했다.

몸 전체는 엷은 황토색을 띠며, 날개는 검은 바탕에 흰 줄이 있다. 뭉툭한 부리, 굵은 목, 끝이 흰색인 짧은 꼬리 등이 특징이다. 부리는 원뿔 모양이고 옅은 황토색을 띤다. 도시의 공원, 정원 및 교외의 작은 숲 등지에서 무리를 지어 다닌다. 주로 나무 위에서 생활을 하나 땅 위에 내려앉기도 한다. 번식기에는 활엽수림이나 혼합림으로 이루어진 숲 속에서 번식한다.

▲ 몸을 씻는 암컷
◀◀ 수컷
◀ 알

밀화부리

학 명 : *Eophona migratoria*
영 명 : Yellow-billed Grosbeak

수컷은 머리가 녹색 광택이 나는 검은색이고, 목, 어깨, 등은 잿빛이 도는 갈색이며, 허리는 잿빛이다. 암컷은 머리가 등과 같은 잿빛이 도는 갈색이고, 눈 주위와 턱 밑은 다른 부분보다 색깔이 조금 진하다. 부리는 작고, 홍채는 갈색, 다리는 노란색을 띤다. 숲이 울창하지 않은 산림 지대에 서식한다. 둥지는 식물의 잎과 줄기를 진흙이나 거미줄로 엮어서 만든다.

참새목/되새과

◆ 생활형 / 여름 철새
◆ 몸 길이 / 약 19cm
◆ 먹이 / 주로 식물성, 새끼는 곤충류
◆ 출현기 / 5~9월
◆ 분포 / 한국, 일본, 중국, 러시아

※ 울음소리가 아름다운 새로, 예전에는 새 장수들이 밑새를 이용해 그물을 쳐서 새를 잡아 팔기도 했다.

▲ 나뭇가지에 앉아 휴식하는 수컷

▶ 먹이를 찾고 있다.

참새목/되새과

큰부리밀화부리

학 명 : *Eophona personata*
영 명 : Japanese Grosbeak

◆생활형 / 겨울 철새
◆몸 길이 / 약 23cm
◆먹이 / 여름에는 곤충류, 겨울에는 단단한 열매
◆출현기 / 12월, 1~2월
◆분포 / 한국, 일본, 중국, 러시아
※일본에서는 흔한 새지만 우리 나라에서는 매우 보기 드문 새이다. 최근 경기도 남한산성에서 관찰되었다.

'밀화부리'와 매우 비슷하다. 암수 모두 머리꼭대기와 부리 주위가 짙은 남빛 광택이 나는 검은색이다. 수컷의 몸은 회색이고, 암컷은 머리가 회갈색이며, 배는 흰색을 띤다. 낮은 산지 낙엽 활엽수림에 서식한다. 번식기에는 암수가 짝을 지어 살지만, 비번식기에는 작은 무리를 지어 생활한다. 둥지는 나뭇가지 위에 마른 가지나 덩굴을 이용하여 밥그릇 모양으로 만든다.

산새 203

▲ 알　　　　▲ 둥지 근처에서 지저귀고 있다(여름깃).

멧새

학 명 : *Emberiza cioides*
영 명 : Meadow Bunting

겨울철에는 머리꼭대기, 뒷목, 턱 밑, 눈썹, 뺨 등 전체적으로 황갈색을 띤다. 여름철에는 눈 앞, 턱 밑, 귀깃 부분의 깃 가장자리는 없어지고, 머리꼭대기는 밤색, 눈썹과 뺨은 흰색으로 되며, 턱 밑과 목 앞쪽은 엷은 잿빛이고, 가슴에는 갈색 띠가 나타난다. 관목의 숲, 초지, 관목이 있는 초원, 뽕나무밭, 잡목림 등에 서식한다. 외딴 섬에서도 흔히 볼 수 있다.

참새목/멧새과

◆생활형 / 텃새
◆몸 길이 / 약 16cm
◆먹 이 / 잡초의 씨, 곤충의 유충, 성충
◆출현기 / 사계절
◆분포 / 한국, 일본, 중국, 몽골, 러시아
※흔한 텃새였으나, 최근에는 매우 보기 드물며, 강원도 양구의 용늪에서 번식한다.

▲ 이동 중 외딴 섬에서 먹이를 먹는 수컷

참새목/멧새과

- ◆생활형 / 나그네새
- ◆몸 길이 / 약 14cm
- ◆먹이 / 곤충류, 잡초의 씨
- ◆출현기 / 5월, 10월
- ◆분포 / 한국, 일본, 중국, 러시아
- ※매년 가을, '꼬까참새'의 큰 무리 속에서 수백 마리가 관찰되었으나 지금은 전남 흑산도에서 매년 적은 수를 볼 수 있다.

흰배멧새

학 명 : *Emberiza tristrami*
영 명 : Tristram's Bunting

수컷의 머리는 검은색이며, 황갈색의 중앙선이 있다. 등은 올리브빛을 띤 갈색으로 검은 갈색의 얼룩점이 있고, 가슴은 황갈색, 배는 흰색이다. 암컷은 수컷과 비슷하나 색이 흐리다. 암수 모두 봄가을에는 흰 선이 눈 위에 한 줄, 턱에 한 줄 있다. 주로 논밭 근처와 야산의 낮은 산림이나 덤불, 관목 숲에 서식하며, 무리를 지어 생활한다. 나는 동작이나 행동은 '멧새'와 비슷하다.

▲ 이른 봄 노래를 부르고 있다.　　▲ 동지 부근에서 경계하고 있다.

붉은뺨멧새

학 명 : *Emberiza fucata*
영 명 : Chestnut-eared Bunting

머리꼭대기와 목은 회색이고, 흑갈색의 작은 세로무늬가 있으며, 등은 황갈색, 허리는 붉은 갈색이다. 아랫면은 엷은 색이지만, 여름깃에서는 윗가슴에서 턱선에 이어지는 검은 띠와 짙은 갈색의 가로띠가 뚜렷하게 나타난다. 겨울에는 눈이 많이 오지 않는 따뜻한 지역이나 농경지에서 볼 수 있다. 최근에는 높은 산이나 지리산 노고단의 평지 등에서 볼 수 있다.

참새목/멧새과

- ◆생활형 / 여름 철새
- ◆몸 길이 / 약 16cm
- ◆먹이 / 곤충류, 거미류, 식물의 씨
- ◆출현기 / 5~9월
- ◆분포 / 한국, 일본, 중국, 러시아

※붉은색이 도는 갈색의 뚜렷한 귀깃이 있기 때문에 '붉은뺨멧새' 란 이름이 붙여졌다.

▲ 이동 중 외딴 섬에서 휴식하는 수컷

참새목/멧새과

- ◆ 생활형 / 나그네새
- ◆ 몸 길이 / 약 13cm
- ◆ 먹이 / 딱정벌레, 잡초의 씨
- ◆ 출현기 / 5월, 10월
- ◆ 분포 / 한국, 일본, 중국, 러시아
- ※ 우리 나라의 멧새류 중에서 가장 작은 종이다. 전남 흑산도 임자면의 진리 마을 옆 개울가에서 볼 수 있다.

쇠붉은뺨멧새

학 명 : *Emberiza pusilla*
영 명 : Little Bunting

등은 갈색 바탕에 검은색 세로무늬가 있고, 배는 황갈색이다. 머리꼭대기와 뺨은 밤색이고 그 둘레는 검은색이다. 가늘고 흰 눈썹선과 검은색 턱선이 특징이다. 겨울이 되면 머리 부분의 색이 흐려진다. 암수의 몸 색깔은 비슷하다. 농경지 등지에 서식하며, 번식기에는 침엽수림에 둥지를 튼다. 이동 시기에는 논밭 근처의 낮은 관목이나 덤불에서도 볼 수 있다.

산새

▲ 외딴 섬에서 먹이를 찾는 수컷

노랑눈썹멧새

학 명 : *Emberiza chrysophrys*
영 명 : Yellow-browed Bunting

'멧새'보다 약간 큰 편이고, 수컷은 눈썹선에 노란색 깃털이 뚜렷하여 쉽게 구별된다. '노랑턱멧새'와 형태가 비슷하나 댕기깃이 없고, 눈 주위에 검은색 부분이 많으며, 턱 밑은 거의 노란색을 띠지 않는다. 봄가을의 이동 시기에 농경지나 개활지의 관목이나 덤불 또는 잡목림에서 볼 수 있다. '쇠붉은뺨멧새', '검은머리촉새' 등과 섞여 서식한다.

참새목/멧새과

- ◆생활형 / 나그네새
- ◆몸 길이 / 약 17cm
- ◆먹이 / 번식기에는 곤충류, 겨울에는 식물성 먹이
- ◆출현기 / 5월, 10월
- ◆분포 / 한국, 일본, 중국, 러시아

※멧새 종류 중에서는 큰 편이며, 색깔이 뚜렷하다. 이동 시기에 전남 흑산도의 도랑에서 볼 수 있다.

▲ 나뭇가지에 앉아 휴식하고 있다.

참새목/멧새과

- ◆생활형 / 겨울 철새
- ◆몸 길이 / 약 13.5cm
- ◆먹이 / 여름에는 곤충의 유충, 성충, 겨울에는 풀씨, 볍씨
- ◆출현기 / 11~12월, 1~4월
- ◆분포 / 한국, 일본, 중국, 러시아
- ※등이나 머리, 가슴 등이 마른 쑥잎처럼 보여 '쑥새'란 이름이 붙여졌다.

쑥새

학 명 : *Emberiza rustica*
영 명 : Rustic Bunting

여름깃은 머리가 검고, 겨울깃은 머리가 갈색이다. 등은 갈색으로 검은 줄무늬가 있으며, 겨울깃의 빛깔이 더 연하다. 겨울에는 암수 구별이 어렵지만 3~4월에는 수컷의 머리깃이 검은색이 된다. 눈썹선과 목은 흰색이며, 가슴을 가로질러 갈색 띠가 있다. 주로 습지 주변의 덤불 속에 서식한다. 초겨울에 논밭 주변이나 구릉, 산림 등에 무리지어 날아온다.

▲ 물가에서 몸을 씻는 수컷

◀ 나뭇가지에 앉아 휴식하고 있다.

노랑턱멧새

학 명 : *Emberiza elegans*
영 명 : Yellow-throated Bunting

다른 멧새류와 달리 머리에 댕기깃이 있다. 눈 주위는 검은색, 턱과 눈 위는 밝은 노란색이어서 구별하기가 쉽다. 등과 꼬리는 검은색과 고동색이 섞여 있으며, 암컷은 수컷에 비해 노란색과 검은색이 흐리다. 번식기에는 암수가 짝을 지어 관목지대 풀밭에서 산다. 땅 위에 화본과 식물의 잎, 줄기, 뿌리 등으로 밥그릇 모양의 둥지를 만들고 가는 뿌리나 짐승의 털 등을 깐다.

참새목/멧새과

- ◆ 생활형 / 텃새
- ◆ 몸 길이 / 약 16cm
- ◆ 먹이 / 식물의 씨, 번식기에는 곤충류
- ◆ 출현기 / 사계절
- ◆ 분포 / 한국, 일본, 중국, 러시아
- ※ 우리 나라의 멧새류 중 가장 흔한 텃새로, 1960~80년대에 많은 사람들이 집에서 길렀다.

▲ 수컷

◀ 암컷

참새목/멧새과

- ◆생활형 / 나그네새
- ◆몸 길이 / 약 14cm
- ◆먹이 / 번식기에는 동물성 먹이, 겨울에는 조와 수수 등의 식물성 먹이
- ◆출현기 / 5월, 10월
- ◆분포 / 한국, 일본, 중국. 동남 아시아에서 월동
- ※이동 시기에 전남 흑산도에서 드물게 볼 수 있다.

검은머리촉새

학 명 : *Emberiza aureola*
영 명 : Yellow-breasted Bunting

수컷은 등 쪽이 붉은빛을 띤 짙은 밤색이며, 등에는 검은색의 세로무늬가 있다. 이마, 얼굴, 윗목은 검은색이고 아랫목은 노란색이다. 앞쪽의 목테는 붉은 밤색이며, 그 밑의 배 쪽은 노란색이다. 암컷은 등 쪽에 세로무늬가 많고, 얼굴은 검은색을 띠지 않으며, 붉은 밤색의 목테도 없다. 주로 벼농사 짓는 곳이나 갈대밭이 있는 곳에서 번식하며, 조밭이나 수수밭에 찾아온다.

산새

▲ 산새장에서 사육되는 수컷

◀ 이동 중 외딴 섬에서 휴식하는 수컷

꼬까참새

학 명 : *Emberiza rutila*
영 명 : Chestnut Bunting

멧새류 중에서는 작은 종에 속하며, 수컷은 머리와 등, 꼬리가 황토색이나 갈색이어서 쉽게 구별된다. 암컷은 반대로 흐린 갈색이다. 눈 위아래로 선명한 흰색 줄이 있는 것이 특징이다. 주로 침엽수, 활엽수 또는 혼합림에서 서식하며, 고산 지대에서 번식하고, 겨울에는 낮은 초원 지대에서 월동하는 것으로 알려져 있다.

참새목/멧새과

- ◆생활형/나그네새
- ◆몸 길이/약 14cm
- ◆먹이/벼과 식물의 열매, 벌, 나비, 딱정벌레, 매미, 파리 등의 곤충류
- ◆출현기/5월, 10월
- ◆분포/한국, 중국, 러시아. 동남 아시아에서 월동
- ※외딴 섬에서 적은 수를 볼 수 있다.

▲ 이동 중 휴식하는 수컷

▶ 수컷 첫해 여름깃

참새목/멧새과

- ◆생활형 / 나그네새
- ◆몸 길이 / 약 13cm
- ◆먹이 / 풀씨, 곤충류
- ◆출현기 / 5월, 10월
- ◆분포 / 한국, 일본, 중국, 러시아. 동남 아시아에서 월동
- ※2000년대 이후에는 봄에 전남 흑산도나 전북 어청도의 작은 산림에서 적은 수를 볼 수 있다.

무당새

학 명 : *Emberiza sulphurata*
영 명 : Japanese Yellow Bunting

등 쪽은 회색을 띤 연한 초록색이고, 머리는 노란색, 허리는 쥐색이다. 날개깃은 검은 갈색이며, 날개덮깃에는 검은색의 세로 얼룩무늬가 있다. 수컷은 턱과 가슴이 녹색이어서 쉽게 구별되지 않는다. 암컷은 몸 색깔이 약간 흐리지만 수컷과 매우 비슷하고, 수컷의 여름깃은 털갈이를 하여 눈 앞과 턱 밑에 검은색 깃털이 생긴다. 관목 꼭대기나 교목 가지에 주로 앉는다.

▲ 수컷

◀ 이동 중 외딴 섬에서 휴식하고 있다.

촉새

학 명 : *Emberiza spodocephala*
영 명 : Black-faced Bunting

머리는 짙은 회색, 배는 밝은 노란색, 등과 꼬리는 갈색과 검은색이 섞여 있다. 수컷은 부리 근처에 진한 검은색의 깃털이 있고, 암컷은 수컷에 비해 흐린 녹색을 띤다. 주로 논밭 근처의 덤불에서 볼 수 있다. 봄가을에 이동하는 멧새류인 '꼬까참새', '쇠붉은뺨멧새', '검은머리촉새', '흰배멧새'의 무리에서 적은 수를 볼 수 있었지만, 최근에는 보기가 어렵다.

참새목/멧새과

◆생활형 / 나그네새
◆몸 길이 / 약 16cm
◆먹이 / 풀씨, 곤충류
◆출현기 / 5월, 10월
◆분포 / 한국, 일본, 중국, 러시아

※번식기에 멧새류 중 가장 시끄럽게 울어서, 말이 많고 참견을 잘 하는 사람을 가리켜 '촉새'라고 한다.

▲ 이동 중 길을 잃어 찾아온다.

▶ 미성숙한 수컷

참새목/멧새과

◆생활형 / 미조
◆몸 길이 / 약 16cm
◆먹이 / 풀씨, 번식기에는 곤충류
◆출현기 / 5월
◆분포 / 한국, 중국, 몽골, 러시아
※5월 초에 전북 어청도, 전남 흑산도의 마을이나 밭 근처, 덤불에서 드물게 볼 수 있다.

검은멧새

학 명 : *Emberiza variabilis*
영 명 : Grey Bunting

'노랑턱멧새', '멧새'와 크기가 비슷하며, 어린새나 암컷은 구별하기가 쉽지 않다. 수컷은 몸 전체가 회색을 띠며, 부리는 살색이다. 암컷은 수컷보다 약간 옅은 색이다. 다른 멧새류에 비해 다리의 살색이 뚜렷하다. 주로 깊은 산의 숲 속이나 대나무밭에서 조용히 서식하므로 보기가 어렵다. 마을 근처의 밭이나 개울가 등지에서 이동 중인 1~2마리를 드물게 볼 수 있다.

▲ 이동 중 덤불에서 휴식하고 있다.

쇠검은머리쑥새

학 명 : *Emberiza yessoensis*
영 명 : Ochre-rumped Bunting

암컷과 수컷의 빛깔이 다르다. 번식기의 수컷은 머리 부분이 검고, 등은 적갈색에 검은 세로무늬가 있으며, 배는 흰색이다. 암컷은 몸 전체가 옅은 갈색이며, 수컷은 비번식기에는 암컷과 비슷하다. 이른 봄인 3월 초에는 머리에 검은 깃털이 있어서 쉽게 구별된다. 산지나 습지 및 하천의 초원에 둥지를 틀고, 겨울에는 저지대의 논이나 강가의 풀숲에서 지낸다.

참새목/멧새과

- ◆생활형 / 겨울 철새
- ◆몸 길이 / 약 15cm
- ◆먹이 / 풀씨, 벌레
- ◆출현기 / 11~12월, 1~2월
- ◆분포 / 한국, 일본, 중국, 몽골, 러시아
- ※경기도 광릉을 비롯한 논밭 근처의 덤불에서 풀씨를 쪼아 먹는 것을 흔히 볼 수 있었으나 1995년 이후에는 보기가 어렵다.

▲ 갈대밭에서 휴식하고 있다.

참새목/멧새과

- ◆생활형 / 겨울 철새
- ◆몸 길이 / 약 16cm
- ◆먹이 / 풀씨, 곤충류
- ◆출현기 / 12월, 1~3월
- ◆분포 / 한국, 일본, 중국, 몽골, 러시아
- ※북상할 때 부산 을숙도 갈대밭에서 쉽게 볼 수 있다.

검은머리쑥새

학 명 : *Emberiza schoeniclus*
영 명 : Reed Bunting

수컷의 머리는 검은색이며, 뺨에는 흰색 줄이 있다. 암컷은 이마와 머리 위가 밤색이고, 각 깃에는 검은색 띠무늬가 있으며, 깃의 가장자리는 연한 회갈색이다. 눈 위에는 크림색의 너비가 넓은 눈썹선이 있다. 목은 붉은색이 도는 크림색이고, 목 양쪽에는 검은 갈색의 턱선이 있다. 겨울에는 작은 무리를 지어 주로 바닷가나 강가의 갈대밭에서 생활한다.

산새

▲ 추운 겨울 바위 꼭대기에서 쉬고 있다.

흰멧새

학 명 : *Plectrophenax nivalis*
영 명 : Snow Bunting

다른 멧새 종류에 비해 크다. 수컷은 몸 전체가 흰색이고, 날개 주변에 검은색 깃이 있다. 암컷은 검은색 깃이 수컷에 비해 적으며, 부분적으로 갈색을 띤다. 다리는 검고 부리는 검은 회색빛을 띤다. 가시덤불이나 풀밭보다 주로 바위가 많은 메마른 땅에서 무리를 지어 먹이를 찾는다. 겨울에는 다른 종류의 새와 섞여 지내지 않는 것이 특징이다.

참새목/멧새과

- ◆생활형 / 미조
- ◆몸 길이 / 약 17cm
- ◆먹이 / 풀씨, 곤충류
- ◆출현기 / 12월, 1~2월
- ◆분포 / 일본, 중국, 몽골, 러시아
- ※캄차카 반도나 북극권 바위틈에 서식한다. 우리 나라에는 추운 겨울에 간혹 1~2마리가 찾아온다.

물새
AQUATIC BIRDS

▲▲ 갯벌에서 겨울을 나고 있다.   ▲ 먹이를 찾는 무리

개리

학 명 : *Anser cygnoides*
영 명 : Swan Goose

몸 전체는 황갈색을 띠고, 머리와 목 뒤쪽에는 고동색의 줄이 있으며, 목 앞쪽은 올리브색을 띠어 다른 기러기 종류와 쉽게 구별된다. 부리는 검고 크다. 다리는 노란색이고 꼬리는 흰색 바탕에 검은 줄이 있다. 암수는 구별하기 어렵다. 겨울에는 주로 습지나 갯벌에 무리지어 생활한다. 번식기에는 호숫가 주변 습지에 서식한다.

기러기목/오리과

◆생활형 / 겨울 철새
◆몸 길이 / 약 87cm
◆먹이 / 수생 식물, 수서 동물
◆출현기 / 10~12월, 1~2월
◆분포 / 중국, 몽골, 러시아
※초가을에 한강 둔치에 찾아왔다가 11월 중순 금강 하구로 이동한다. 천연기념물 제325-1호, 멸종위기야생동식물 II급

▲▲ 먹이를 찾는 무리 ▲ 월동 중인 무리

기러기목/오리과

- ◆생활형 / 겨울 철새
- ◆몸 길이 / 약 85cm
- ◆먹이 / 낟알, 옥수수, 밀, 보리, 감자, 고구마, 풀뿌리
- ◆출현기 / 10~12월, 1~3월
- ◆분포 / 일본, 중국, 몽골, 러시아
- ※기러기 종류 중 겨울에 가장 많은 수가 찾아오는 종이다. 멸종위기야생동식물 Ⅱ급

큰기러기

학 명 : *Anser fabalis*
영 명 : Bean Goose

몸 전체는 황갈색을 띠며, 배는 등 부위에 비해 밝은 올리브색이다. 부리는 검고, 그 끝은 귤색이다. 다리는 귤색을 띠며, 꼬리는 흰색 바탕에 검은 줄이 나 있다. 암수는 구별하기 어렵다. 초식성으로, 농작물이 많은 지역에서 주로 볼 수 있다. 한쪽 다리로 서서 쉬거나 배를 땅에 대고 머리는 위로 돌려 등깃에 파묻고 잔다. 번식기에는 호숫가 주변 습지에 서식한다.

물새 221

▲▲ 먹이를 찾는 무리 ▲ 비상하는 무리

쇠기러기

학 명 : *Anser albifrons*
영 명 : Greater White-fronted Goose

이마와 부리의 기부가 흰색이며, 배에는 불규칙한 검은 반점이 있다. 부리는 등황색이고 끝이 흰색이며, 다리도 등황색이다. 몸집은 '큰기러기' 보다 약간 작고, 콧등과 머리꼭대기에 흰 깃털이 있어 쉽게 구별된다. 호수, 논, 풀밭, 습지, 바닷가, 간척지 등에서 산다. V자 모양으로 줄지어 난다.

기러기목/오리과

- ◆생활형 / 겨울 철새
- ◆몸 길이 / 약 72cm
- ◆먹이 / 풀잎, 뿌리, 씨
- ◆출현기 / 12월, 1~3월
- ◆분포 / 한국, 일본, 중국, 몽골, 러시아, 동남 아시아
- ※기러기 종류 중 '큰기러기' 다음으로 겨울에 많은 수가 찾아온다.

▲ 머리 쪽에 약간의 흰 부분이 있다.

▶ 어린새

기러기목/오리과

- ◆생활형 / 미조
- ◆몸 길이 / 약 60cm
- ◆먹이 / 풀잎, 뿌리, 씨
- ◆출현기 / 11월, 2월
- ◆분포 / 중국, 몽골, 러시아
- ※ '쇠기러기' 무리에 섞여 매우 드물게 찾아오며, 경남 창원 주남 저수지에서 볼 수 있다. 멸종위기야생동식물 Ⅱ급

흰이마기러기

학 명 : *Anser erythropus*
영 명 : Lesser White-fronted Goose

'쇠기러기'와 비슷하나 훨씬 작다. 몸 전체는 엷은 고동색을 띠며, 머리 쪽에 약간의 흰 부분이 있다. 부리는 선명한 핑크색을 띠고, 다리는 오렌지색이다. 어린새는 어미새에 비해 더 어두운 색을 띠며, 부리에 흰 부분도 작다. 농경지, 호수, 늪, 못, 간척지 등에서 살며, 산간 하천의 하류, 산기슭, 산간 호수, 고산 벼랑에서도 번식한다.

▲ 큰기러기 무리에서 드물게 볼 수 있다.

◀ 비상 중

흰기러기

학 명 : *Anser caerulescens*
영 명 : Snow Goose

몸 전체가 순백색을 띠어 다른 기러기 종류와 쉽게 구별된다. 꼬리에는 검은 줄이 있으며, 부리와 다리는 분홍색이다. 겨울철에는 호숫가 주변의 습지나 경작지에서 다른 기러기 종류와 무리 생활을 한다. 번식기에는 툰드라 지대의 호숫가 주변 습지에 서식하며, 풀 속 바닥에 둥지를 튼다.

기러기목/오리과

- ◆생활형 / 미조
- ●몸 길이 / 약 70cm
- ●먹이 / 풀잎, 뿌리, 씨
- ◆출현기 / 12월, 1~2월
- ◆분포 / 한국, 러시아

※추운 겨울 강원도 철원, 충남 서산 등지에 '큰기러기' 무리에 섞여 1~2마리가 드물게 찾아온다.

▲ 머리 아랫부분에 세모꼴의 흰 반점이 있다.

▶ 큰기러기 무리에서 드물게 볼 수 있다.

기러기목/오리과

- ◆생활형 / 미조
- ◆몸 길이 / 약 67cm
- ◆먹이 / 풀잎, 뿌리, 씨
- ◆출현기 / 12월, 1~2월
- ◆분포 / 한국, 러시아, 미국
- ※추운 겨울 충남 서산 천수만에 수천 마리의 기러기 무리에 섞여 1~2마리가 찾아온다.

캐나다기러기

학 명 : *Branta canadensis*
영 명 : Canada Goose

몸통은 황갈색을 띤다. 머리와 목은 검은색이며, 머리 아래에서 목까지 큰 세모꼴의 흰 반점이 있다. 부리와 다리는 검은색이다. 습성은 '쇠기러기'나 '큰기러기'와 비슷하지만, 머리가 검은색이어서 다른 기러기 종류와 쉽게 구별된다. 번식기에는 호숫가 주변 습지에 서식한다.

▲ 바닷가에서 먹이를 찾는 무리

◀ 비상하는 무리

흑기러기

학 명 : *Branta bernicla*
영 명 : Brent Goose

몸 전체는 검은색이고, 꼬리는 흰색, 목에 흰 줄이 있는 것이 특징이다. 다른 기러기 종류와 달리 머리와 목은 검은색이고 배는 회색을 띤다. 부리와 다리는 검은색이다. 겨울에는 주로 바다 위나 바닷가의 얕은 곳에서 지내고, 하천, 호소, 간척지에 내려앉기도 하며, 단독 또는 작은 무리로 생활한다. 습한 이끼로 덮인 툰드라 지대의 호수, 갯벌의 하안과 하구에서 번식한다.

기러기목/오리과

- ◆생활형 / 겨울 철새
- ●몸 길이 / 약 61cm
- ◆먹이 / 해조류, 조개류
- ◆출현기 / 12월, 1~2월
- ◆분포 / 중국, 러시아

※겨울에 남해안의 바닷가에 찾아온다. 이동 시기에 경북 포항과 강원도 속초의 바닷가에서 볼 수 있다. 천연기념물 제325-2호, 멸종위기야생동식물 Ⅱ급

▲▲ 오렌지색 부리에 검은 혹이 있다.　▲ 월동 중인 무리

기러기목/오리과

- ◆생활형 / 겨울 철새
- ◆몸 길이 / 약 152cm
- ◆먹이 / 수생 식물, 수서 동물
- ◆출현기 / 11~12월, 1~2월
- ◆분포 / 중국, 몽골, 러시아

※추운 겨울 동해안의 휴전선 부근 석호에 매년 불규칙하게 찾아온다. 천연기념물 제201-3호, 멸종위기야생동식물 I급

혹고니

학 명 : *Cygnus olor*
영 명 : Mute Swan

몸 전체는 순백색이며, 오렌지색 부리의 검은 혹이 특징적이어서 쉽게 구별된다. 다리는 검은색이며, 암수는 구별하기 어렵다. 어린새는 몸 전체가 회갈색을 띤다. 머리와 목을 앞으로 곧게 뻗고 날개를 완만하게 펄럭이며 나는데, 무리는 사선을 유지하며 난다. 물에서는 수면을 향하여 목을 S자 모양으로 굽히고 헤엄친다. 호숫가 주변 습지에서 번식한다.

▲▲ 월동 중인 무리 ▲ 휴식하고 있다.

고니

학 명 : *Cygnus colombianus*
영 명 : Tundra Swan

고니 종류 중 몸집이 가장 작다. '큰고니'보다 몸집이 작으며, 부리의 검은 부분과 노란 부분도 작고 모양도 다르다. 암수는 구별하기 어렵다. 어린 새는 머리와 목 부분이 약간 회색을 띤다. 겨울에는 주로 소택지, 바닷가, 호소 등에 서식하며, '큰고니' 무리에 섞여 10마리 내외의 작은 무리를 이룬다. 번식기에는 호숫가 주변 습지에 서식한다.

기러기목/오리과

- ◆생활형 / 겨울 철새
- ◆몸 길이 / 약 120cm
- ◆먹이 / 수서 동물, 식물의 줄기, 뿌리
- ◆출현기 / 11~12월, 1~2월
- ◆분포 / 중국, 몽골, 러시아, 북유럽

※ '백조'라고도 한다. 천연기념물 제201-1호, 멸종위기야생동식물 Ⅱ급

▲ 휴식하고 있다.

▶ 비상하는 어린새

기러기목/오리과

- ◆생활형 / 겨울 철새
- ◆몸 길이 / 약 140cm
- ◆먹이 / 수서 동물, 식물의 줄기, 뿌리
- ◆출현기 / 10~12월, 1~3월
- ◆분포 / 한국, 일본, 몽골, 러시아, 유럽
- ※고니 종류 중 겨울에 가장 많은 수가 찾아오는 종이다. 천연기념물 제201-2호, 멸종위기야생동식물 Ⅱ급

큰고니

학 명 : *Cygnus cygnus*
영 명 : Whooper Swan

몸은 흰색이고, 다리는 검은색이다. 암수는 구별하기 어렵다. 부리 끝은 검은색이고 기부는 노란색을 띠는데, 노란색 부분이 큰 것이 '고니'와 다른 점이다. 어린새는 머리와 목 부분이 약간 회색을 띤다. 겨울에는 큰 무리를 이루고 생활하는데, 바닷가 근처의 얕은 수면을 헤엄쳐 다니면서 먹이를 찾는다. 번식기에는 해안가나 호숫가 주변 습지의 굴 속에 둥지를 튼다.

▲▲ 강 하구에서 먹이를 찾고 있다.
▲ 붉은 부리에 검은 혹이 있다.
◀ 비상하는 무리

혹부리오리

학 명 : *Tadorna tadorna*
영 명 : Common Shelduck

기러기목/오리과

- ◆생활형 / 겨울 철새
- ◆몸 길이 / 약 60cm
- ◆먹이 / 달팽이, 작은 물고기, 수서 곤충류와 그 유충, 녹조류
- ◆출현기 / 10~12월, 1~3월
- ◆분포 / 한국, 일본, 중국, 몽골, 러시아
- ※매년 추운 겨울에 충남 서산 천수만에 500여 마리가 무리지어 찾아온다.

몸은 주로 흰색이고, 가슴에 갈색 줄이 있다. 머리는 금속성의 검은색을 띠며, 부리는 붉은색이고 검은 혹이 있어서 다른 오리 종류와 쉽게 구별된다. 다리는 귤빛을 띤다. 암수는 구별하기 어렵다. 겨울에는 바닷가나 내륙 습지에서 30~100마리씩 무리지어 생활한다. 번식기에는 바닷가나 호숫가 주변 습지의 굴 속에 둥지를 튼다. 강 하구의 갯벌에 많이 찾아온다.

▲▲ 휴식하고 있다.　▲ 논에서 먹이를 찾는 무리

기러기목/오리과

- 생활형 / 겨울 철새
- 몸 길이 / 약 64cm
- 먹이 / 봄과 여름에는 새싹, 가을에는 조, 밀, 보리, 겨울에는 양배추
- 출현기 / 11~12월, 1~3월
- 분포 / 한국, 일본, 중국, 러시아
- ※ 주로 내륙 지방의 강가나 논에서 볼 수 있다.

황오리

학 명 : *Tadorna ferruginea*
영 명 : Ruddy Shelduck

수컷에는 검은색의 가는 목띠가 있는데, 암컷의 얼굴은 수컷보다 흰색 기가 많으며, 목띠가 없는 것이 특징이다. 머리는 엷은 황갈색, 몸통은 짙은 황갈색, 꼬리는 검은색, 날개는 흰색 바탕에 검은 테가 있다. 부리와 다리는 검은색이다. 겨울에는 호소, 초원, 하천, 농경지 등에 살며, 번식기에는 호숫가 주변 습지의 나뭇구멍에 둥지를 만든다.

▲ 비상하는 황오리 무리(충남 서산 천수만)

▲ 숲 속 웅덩이에서 휴식하고 있다
(왼쪽 : 수컷, 오른쪽 : 암컷).

◀ 아름다운 장식깃이 있는 수컷

원앙

학 명 : *Aix galericulata*
영 명 : Mandarin Duck

수컷은 머리와 날개 부위에 아름다운 장식깃이 있고, 옆가슴에 흰 줄과 검은 줄이 있으며, 배는 흰색이다. 부리와 다리는 굴빛을 띤다. 암컷은 전체적으로 회갈색이고, 가슴과 옆구리에는 굵은 회색 얼룩이 줄지어 있으며, 흰색의 목 둘레나 뚜렷한 흰색의 눈 둘레가 독특하다. 고궁이나 공원 또는 숲이 있는 못가, 나무 위에서 살며, 높은 나뭇구멍에 둥지를 만든다.

기러기목/오리과

- ◆생활형 / 텃새
- ◆몸 길이 / 약 45cm
- ◆먹이 / 도토리 등 식물성 먹이, 곤충류
- ◆출현기 / 사계절
- ◆분포 / 한국, 일본, 중국

※최근에는 전국 계곡에서 많이 번식하며, 제주도, 경남 거제도, 한강 등에서 쉽게 볼 수 있다. 천연기념물 제327호

▲ 월동 중인 한 쌍(왼쪽: 수컷, 오른쪽: 암컷)

▶ 수컷

기러기목/오리과

- ◆생활형 / 겨울 철새
- ◆몸 길이 / 약 50cm
- ◆먹이 / 식물성 먹이, 수서 동물, 연체 동물
- ◆출현기 / 11~12월, 1~3월
- ◆분포 / 한국, 일본, 중국, 러시아, 미국
- ※미국 알래스카에서 번식하는 종이 우리 나라까지 찾아온다. 제주도, 낙동강, 금강 등에서 매년 볼 수 있다.

알락오리

학 명 : *Anas strepera*
영 명 : Gadwall

수컷은 몸 전체가 황갈색에 조밀한 검은색 무늬가 있다. 꼬리는 검은색이며, 흰색 점이 있다. 암컷은 몸 전체가 황갈색으로 짙은 갈색 무늬가 있고, 부리는 주황색이어서 '청둥오리'의 암컷과 비슷하다. 비행시 꼬리는 흰색이며, 날개 안쪽에 흰색 부분이 있다. 수컷은 탁한 소리로 운다. 겨울에는 무리지어 늪과 못에 살며, 번식기에는 자갈이 많은 강 주변에 서식한다.

▲▲ 머리에 녹색 광택이 나는 수컷 ▲ 암컷

청머리오리

학 명 : *Anas falcate*
영 명 : Falcated Teal

수컷 겨울깃의 뒷머리와 뒷목의 깃털이 가늘고 길며, 우관을 이루는 것이 특징이다. 머리는 광택이 나는 녹색을 띠며, 목에는 흰 줄과 검은 줄이 있고, 앞가슴과 몸통은 흰 바탕에 조밀한 검은 무늬가 있다. 암컷은 수컷에 비해 황갈색의 보호색을 띤다. 겨울에는 다른 오리 종류와 무리지어 바닷가 주변에 서식한다. 번식기에는 습지 주변 땅바닥에 둥지를 튼다.

기러기목/오리과

- ◆생활형 / 겨울 철새
- ◆몸 길이 / 수컷 약 52cm, 암컷 약 43cm
- ◆먹이 / 낟알, 수초, 뿌리, 수서 곤충류, 연체 동물
- ◆출현기 / 11~12월, 1~3월
- ◆분포 / 한국, 일본, 중국, 몽골, 러시아
- ※내륙 지방의 호수에서 작은 무리를 볼 수 있다.

▲▲ 월동 중인 한 쌍(왼쪽 : 수컷, 오른쪽 : 암컷)　▲ 월동 중인 무리

기러기목/오리과

- ◆생활형 / 겨울 철새
- ◆몸 길이 / 약 49cm
- ◆먹이 / 파래, 김 등 해초, 어린 뿌리, 곡류, 수서 곤충류
- ◆출현기 / 11~12월, 1~3월
- ◆분포 / 한국, 일본, 중국, 러시아
- ※남해안의 갯벌이나 제주도에서 볼 수 있으며, 김 양식장의 김을 뜯어 먹는다.

홍머리오리

학 명 : *Anas penelope*
영 명 : Eurasian Wigeon

수컷은 머리가 광택이 나는 밤색, 가슴은 어두운 황갈색을 띤다. 머리꼭대기는 갈색 바탕에 크림색의 띠가 있어서 쉽게 구별된다. 배는 흰색, 꼬리는 검은색이다. 암컷은 수컷에 비해 황갈색의 보호색을 띤다. 겨울철에는 물결이 일지 않는 해상, 하구, 호소, 하천 등에 서식하며, 특히 파래, 김이 많은 바닷가에 많다. 번식기에는 습지 주변 땅바닥에 둥지를 튼다.

▲ 휴식 중인 한 쌍(왼쪽 : 수컷, 오른쪽 : 암컷)

아메리카홍머리오리

학 명 : *Anas americana*
영 명 : American Wigeon

수컷의 머리는 황갈색 바탕에 눈 위로 금속성 녹색 띠가 있으며, 머리꼭대기에는 올리브색의 띠가 있다. '홍머리오리'와 모습이 부분적으로 비슷하지만 전혀 다른 색깔을 띤다. 암컷의 머리는 황갈색이고 등은 암갈색이다. 부리는 짧은 삼각형이다. 주로 내수면의 민물에 서식한다. '홍머리오리' 무리에 섞여서 1~2마리가 매우 드물게 찾아온다.

기러기목/오리과

- ◆생활형 / 미조
- ◆몸 길이 / 약 48cm
- ◆먹이 / 잡식성
- ◆출현기 / 12월, 1~2월
- ◆분포 / 러시아, 미국

※ 미국에서는 오리 종류 중 공원 호수나 골프장 주변 호수 등에서 가장 많이 볼 수 있다.

▲ 수컷

▶ 무리지어 놀고 있다.

기러기목/오리과

- ◆생활형 / 미조
- ◆몸 길이 / 약 52cm
- ◆먹이 / 해조류
- ◆출현기 / 12월, 1월
- ◆분포 / 미국
- ※미국의 호수나 강에서는 흔히 볼 수 있으나 우리 나라에는 길을 잃어 매우 드물게 찾아온다.

미국오리

학 명 : *Anas rubripes*
영 명 : American Black Duck

'흰뺨검둥오리'와 비슷하나 부리가 전체적으로 갈색을 띠며, 얼굴보다 목 부분이 더 밝다. 날개 밑은 흰색을 띠며, 날개 안쪽의 윗부분에는 파란색 깃털이 있다. 암수 모두 '청둥오리' 암컷과 모습이 매우 비슷하다. 다른 오리 종류와 섞여 있을 때에는 쉽게 구별하기 어렵다. 다리는 굴빛을 띤다. 번식기에는 습지 주변의 산림이 울창한 곳에 둥지를 튼다.

물새 239

▲ 휴식 중인 한 쌍(왼쪽 : 암컷, 오른쪽 : 수컷)

청둥오리

학 명 : *Anas platyrhynchos*
영 명 : Mallard

수컷 겨울깃의 머리는 검은색으로 짙은 녹색 광택이 난다. 앞가슴은 짙은 갈색이고 나머지 부분은 엷은 회색이다. 꼬리에 꼬부라진 검은색 깃털이 있다. 부리와 다리는 노란 귤빛을 띤다. 암컷은 머리가 흑갈색이고 몸은 어두운 갈색과 검은색이 섞여 있다. 하천, 바닷가, 농경지, 초습지, 연못, 개울 등의 물가에 서식하며, 번식기에는 습지의 초지 바닥에 둥지를 튼다.

기러기목/오리과

- ◆생활형 / 겨울 철새
- ◆몸 길이 / 약 60cm
- ◆먹이 / 풀씨, 나무 열매, 곤충류, 잡식성
- ◆출현기 / 10~12월, 1~3월
- ◆분포 / 한국, 일본, 중국, 러시아

※전세계 오리 종류 중 그 수가 가장 많으며, 우리 나라에서는 강, 호수 등 전국 어디에서나 볼 수 있다.

▲▲ 호수에서 먹이를 찾는 무리 ▲ 월동 중인 무리

▲ 알   ▲ 월동 중인 무리

흰뺨검둥오리

학 명 : *Anas poecilorhyncha*
영 명 : Spot-billed Duck

기러기목/오리과

- ◆생활형 / 텃새
- ◆몸 길이 / 약 61cm
- ◆먹이 / 풀씨, 나무 열매, 곤충류
- ◆출현기 / 사계절
- ◆분포 / 한국, 일본, 러시아

※우리 나라 오리 종류 중 유일하게 전국 강가나 바닷가에서 번식하며, '청둥오리' 다음으로 그 수가 많다.

몸 전체가 황갈색이며, 꼬리는 검은색, 부리는 검은색 바탕에 끝이 노란색이다. 머리꼭대기와 눈에는 검은색 줄이 있다. 암수는 구별하기 어렵다. 여름에는 암수 한 쌍으로 갈대, 줄풀, 창포 등이 무성한 습지 초원에 살고, 겨울에는 강 하구나 해상에서 대규모 군집을 이룬다. 번식기에는 평지의 논, 서해안의 섬, 육지 근처의 바닷가에 둥지를 튼다.

▲▲ 수컷　▲ 암수 모두 부리가 넓적하다(왼쪽 : 암컷, 오른쪽 : 수컷).

기러기목/오리과

- ◆생활형 / 겨울 철새
- ◆몸 길이 / 약 50cm
- ◆먹이 / 수초류
- ◆출현기 / 11~12월, 1~3월
- ◆분포 / 한국, 일본, 중국, 러시아
- ※부리가 넓적하다고 하여 '넓적부리'란 이름이 붙여졌다. 2000년 이후 내륙 지방에서 쉽게 볼 수 있다.

넓적부리

학 명 : *Anas clypeata*
영 명 : Northern Shoveler

수컷은 머리와 윗목이 보랏빛을 띤 초록색으로, 다른 오리 종류에 비하여 부리가 넓적한 것이 특징이다. 수컷의 부리는 검은색, 암컷의 부리는 갈색이다. 배는 흰 바탕에 갈색의 패치가 넓게 있다. 암컷은 몸 전체에 황갈색과 적갈색이 섞여 있다. 겨울에는 얕은 물에서 무리지어 빙빙 돌면서 물 속의 수초를 뜯어 먹는다. 번식기에는 습지의 초지 바닥에 둥지를 튼다.

물새 243

▲▲ 꼬리깃이 가늘고 긴 수컷   ▲ 먹이를 찾는 암컷

고방오리

학 명 : *Anas acuta*
영 명 : Northern Pintail

수컷은 한가운데에 2개의 검은 꼬리깃이 있는데, 길이는 20cm 가량으로 매우 가늘고 길다. 암컷은 갈색이고, 깃에는 검은색 줄무늬가 있다. 오리 종류 중 몸매가 가장 날씬하다. 수컷의 꼬리는 바늘같이 뾰족하고 길기 때문에 다른 오리 종류와 쉽게 구별된다. 추운 겨울에는 무리지어 다니며, 번식기에는 툰드라 지대의 초지 바닥에 둥지를 튼다.

기러기목/오리과

- 생활형 / 겨울 철새
- 몸 길이 / 약 53cm
- 먹이 / 곡류, 수초류, 연못가에 사는 작은 생물
- 출현기 / 10~12월, 1~3월
- 분포 / 한국, 일본, 중국, 러시아, 미국

※ 강 하구의 갯벌이나 내륙 지방인 서울 중랑천에도 약 200마리가 월동한다.

▲ 흰 눈썹선이 굵고 긴 수컷

기러기목/오리과

- ◆생활형 / 미조
- ◆몸 길이 / 약 38cm
- ◆먹이 / 수초류, 곤충류
- ◆출현기 / 2~3월
- ◆분포 / 한국, 일본, 중국, 러시아
- ※매년 늦은 봄 북한의 번식지로 이동할 때 2~5마리의 작은 무리를 강가에서 드물게 볼 수 있다.

발구지

학 명 : *Anas querquedula*
영 명 : Garganey

수컷은 흰색의 굵고 긴 눈썹선이 특징이다. 머리는 적갈색이며, 가슴은 황갈색, 등은 회갈색으로 검은 줄무늬가 있다. 암컷은 '쇠오리' 암컷보다 약간 연한 색이며, 눈썹선이 뚜렷하다. 비번식기의 깃털은 '쇠오리'의 암컷과 비슷하기 때문에 구별하기가 어렵다. 부리와 다리는 검은색이다. 경계심이 매우 강하기 때문에 관찰하기가 어렵다. 번식기에는 호숫가 주변 얕은 습지에 둥지를 튼다.

▲ 휴식 중인 수컷

◀ 논에서 먹이를 찾는 수컷

가창오리(태극오리)

학 명 : *Anas formosa*
영 명 : Baikal Teal

기러기목/오리과

- ◆생활형 / 겨울 철새
- ◆몸 길이 / 약 40cm
- ◆먹이 / 곡류, 수초류, 수서곤충류
- ◆출현기 / 10~12월, 1~2월
- ◆분포 / 한국, 일본, 중국, 러시아
- ※초가을에 경남 주남 저수지, 충남 천수만 등지에 수십만 마리가 찾아온다. 멸종위기 야생동식물 Ⅱ급

수컷은 머리가 검고, 얼굴의 전반은 노란색, 후반은 녹색이며, 중앙에 검은색 띠로 경계를 이루고 있다. 등에는 검은색 장식깃이 있다. 암컷은 보호색을 띠며, 노란색과 고동색의 태극무늬가 있다. 부리는 검은색이고, 다리는 황토색이다. 낮에는 호소나 소택지에 작은 무리를 지어 잠을 자며, 저녁에는 들에서 먹이를 찾는다. 나무 그늘이나 건조한 풀숲 땅 위에 풀잎과 줄기로 둥지를 튼다.

▲ 간척지 호수에서 월동 중인 무리(전남 해남 고천호)

▲▲ 날개 밑에 흰 가로줄 무늬가 있는 수컷 ▲ 암컷

쇠오리

학 명 : *Anas crecca crecca*
영 명 : Common Teal

수컷은 머리가 적갈색이고, 눈에서부터 어깨 쪽으로 청동색의 줄이 있다. 몸은 엷은 흑갈색이며, 흰 줄이 날개 밑에서 옆으로 꼬리까지 있다. 날개 안쪽 깃은 녹색, 부리와 다리는 검은색이다. 암컷은 갈색과 흑갈색의 무늬를 이룬 보호색을 띤다. 번식기에는 호숫가 주변 얕은 습지에 둥지를 튼다. 전국 어디에서나 흔히 볼 수 있다.

기러기목/오리과

- ◆생활형 / 겨울 철새
- ◆몸 길이 / 약 38cm
- ◆먹이 / 곡류, 수초의 뿌리
- ◆출현기 / 10~12월, 1~3월
- ◆분포 / 한국, 일본, 중국, 러시아

※우리 나라 오리 종류 중 가장 많은 종이다. 서울 중랑천에도 매년 100여 마리가 월동한다.

▲ 날개 앞에 흰 세로줄 무늬가 있는 수컷

기러기목/오리과

- 생활형 / 미조
- 몸 길이 / 약 37cm
- 먹이 / 잡식성, 식물성, 동물성 먹이
- 출현기 / 1~2월
- 분포 / 러시아, 북아메리카

※ 중부 내륙 지방의 습지에서 드물게 볼 수 있다.

미국쇠오리

학 명 : *Anas crecca carolinensis*
영 명 : Common Teal (Green-winged Teal)

작은 오리 종류로, '쇠오리'와 형태와 색깔이 비슷하나, 흰 줄이 날개 앞부분에서 배 밑으로 수직을 이룬다. 꼬리는 노란색을 띠지만 그 끝은 '쇠오리'와는 달리 흰색에 가깝다. 가을에 암수가 짝을 지어 겨울을 보낸 다음, 번식기에는 호숫가 주변 습지에 둥지를 튼다. 겨울에 작은 오리 무리에 섞여 드물게 찾아온다.

▲ 강가에서 휴식 중인 수컷

◀ 암컷

붉은부리흰죽지

학 명 : *Netta rufina*
영 명 : Red-crested Pochard

수컷의 머리는 엷은 붉은색으로, 목과 가슴, 꼬리는 검은색이다. 등과 날개는 엷은 갈색이고 배는 흰색이다. 수컷의 부리는 붉은색이고 암컷의 부리는 검은색이다. 암컷의 윗머리는 갈색, 아랫머리는 올리브색이다. 경계심이 강하여 사람이 눈에 띄기만 하면 갈대밭으로 숨는다. 번식기에는 얕은 호숫가 주변 초지 바닥에 둥지를 튼다.

기러기목/오리과

- ◆생활형 / 미조
- ◆몸 길이 / 약 50cm
- ◆먹이 / 수초의 잎, 뿌리, 줄기
- ◆출현기 / 12월, 1월
- ◆분포 / 러시아, 유럽

※서울 중랑천, 한강이나 경기도 안산 화랑 저수지에 20~30마리가 찾아온다.

▲▲ 비상 중인 수컷　▲ 수컷　　　　▲ 암컷

흰죽지

기러기목/오리과

◆생활형 / 겨울 철새
◆몸 길이 / 약 45cm
◆먹이 / 수초의 잎, 줄기, 수서 무척추동물
◆출현기 / 10~12월, 1~3월
◆분포 / 한국, 일본, 중국, 몽골, 러시아

※ 겨울에 가장 많은 수가 찾아오는 오리 종류로, 낙동강 하구나 한강에 수천 마리가 무리지어 찾아온다.

학 명 : *Aythya ferina*
영 명 : Common Pochard

수컷 겨울깃의 머리, 목은 짙은 갈색이고, 때로는 금속 광택이 나는 것도 있다. 몸통은 회색이고, 꼬리는 검은색이다. 수컷의 부리는 회색이고 암컷의 부리는 검은색이다. 암컷은 수컷에 비해 보호색을 띠며, 머리와 가슴, 목은 엷은 황갈색을 띤다. 겨울에는 호수, 늪, 하천, 하구 등의 얕은 물 위에서 큰 무리를 지어 떠다닌다. 번식기에는 얕은 습지 주변의 갈대밭 바닥에 둥지를 튼다.

▲▲ 검은색의 긴 댕기깃이 있는 수컷   ▲ 월동 중인 무리(오른쪽 끝 : 암컷)

댕기흰죽지

학 명 : *Aythya fuligula*
영 명 : Tufted Duck

수컷은 흰색인 배를 빼고는 광택이 있는 검은색이며, 머리에는 검은색 댕기깃이 길게 늘어져 있다. 암컷은 머리와 목, 윗가슴 및 등 쪽이 검은빛이 나는 갈색으로, 약간 보라색을 띤다. 깃털은 짧고, 배 쪽은 회갈색이다. 부리와 다리는 엷은 잿빛을 띤다. 산, 평지의 호수나 연못에 서식한다. 번식기에는 습지 주변의 초지 바닥에 둥지를 튼다.

기러기목/오리과

- ◆생활형 / 겨울 철새
- ◆몸 길이 / 약 40cm
- ◆먹이 / 작은 물고기, 조개류, 수서 곤충류, 식물의 열매
- ◆출현기 / 12월, 1~4월
- ◆분포 / 한국, 일본, 중국, 러시아

※오리 종류 중 봄에 북쪽으로 가장 늦게 이동하는 종이다. 4월 말에도 한강에서 작은 무리를 볼 수 있다.

▲ 암컷

기러기목/오리과

- ◆생활형 / 겨울 철새
- ◆몸 길이 / 약 45cm
- ◆먹이 / 작은 물고기, 올챙이, 복족류, 수서 곤충류, 식물의 열매
- ◆출현기 / 11~12월, 1~3월
- ◆분포 / 한국, 일본, 중국, 러시아
- ※겨울에 '댕기흰죽지' 무리에 섞여 적은 수가 찾아온다.

검은머리흰죽지

학 명 : *Aythya marila*
영 명 : Greater Scaup

수컷의 머리와 윗목은 검은색으로 초록색의 금속 광택이 나고, 몸통은 흰색이다. 암컷은 부리의 밑 부분에 커다란 흰색 무늬가 있으며, 몸 전체가 갈색의 보호색을 띤다. 부리와 다리는 엷은 잿빛을 띤다. 겨울에는 주로 바닷가 부근에 도래하며, 번식기에는 습지 주변의 초지 바닥에 둥지를 튼다. 강 하구나 작은 호수 등지에서 50마리 미만의 무리를 드물게 볼 수 있다.

▲ 비상하는 검은머리흰죽지 무리(부산 을숙도)

▲ 머리에 흰색의 둥근 점이 있는 암컷

흰줄박이오리

학 명 : *Histrionicus histrionicus*
영 명 : Harlequin Duck

수컷은 머리 부분이 청록색이고, 눈 앞에는 흰색의 큰 얼룩무늬가 있다. 뒷목과 가슴에는 흰줄무늬가 있으며, 배는 붉은빛을 띤 갈색이다. 암컷은 전체적으로 갈색을 띠며, 머리에 둥글고 흰 점이 있다. 부리와 다리는 회색이다. 물살이 빠른 개울이나 숲이 우거진 습지에 서식한다. 번식기에는 깊은 계곡의 물가 주변에 둥지를 튼다.

기러기목/오리과

- ◆생활형 / 겨울 철새
- ◆몸 길이 / 약 43cm
- ◆먹이 / 작은 물고기, 수서 곤충류, 갑각류
- ◆출현기 / 10~12월, 1~3월
- ◆분포 / 한국, 일본, 러시아

※ 추운 겨울 강원도 고성 아야진항에 매년 20여 마리가 찾아온다.

▲ 비상하는 무리

기러기목/오리과

- ◆생활형 / 겨울 철새
- ◆몸 길이 / 약 55cm
- ◆먹이 / 갑각류
- ◆출현기 / 11~12월, 1~2월
- ◆분포 / 한국, 일본, 러시아
- ※추운 겨울 강원도 고성 아야진항에 매년 20여 마리가 찾아온다.

검둥오리사촌

학 명 : *Melanitta fusca*
영 명 : White-winged Scoter

수컷은 몸 전체가 검은색에 가까우며, 암컷은 황갈색을 띤다. 눈 주위와 날개 끝에 흰색 부분이 있는 것이 특징이다. 부리 끝은 회색 바탕에 노란색이며, 다리는 어두운 회색을 띤다. 겨울에는 바닷가나 하구 등지에서, 때로는 큰 하천과 저수지에서 잠수하여 먹이를 찾는다. 번식기에는 바닷가나 호숫가 습지 주변 바닥에 둥지를 튼다.

▲▲ 부리에 노란 혹이 있는 수컷 ▲ 먹이를 찾는 무리(왼쪽 끝 : 암컷)

검둥오리

학 명 : *Melanitta nigra*
영 명 : Black Scoter

수컷은 몸 전체가 짙은 검은색이고, 머리와 목에서는 금속 광택이 나며, 배 쪽은 어두운 갈색을 띤다. 부리에 노란색 혹이 있는 것이 특징이다. 암컷은 어두운 갈색이고, 얼굴은 올리브색이며, 등 쪽의 깃 가장자리는 연한 색이다. 수컷과 달리 부리는 검은색이다. 겨울에는 바닷가에서 작은 무리를 지어 서식한다. 번식기에는 바닷가나 호숫가의 습지 주변 바다에 둥지를 튼다.

기러기목/오리과

- ◆생활형 / 겨울 철새
- ◆몸 길이 / 약 48cm
- ◆먹이 / 갑각류, 조개류, 수서 곤충류
- ◆출현기 / 11~12월, 1~3월
- ◆분포 / 한국, 일본, 러시아
- ※1970년대에는 경남 거제도에서 40~50마리가 살았으나 2000년 이후에는 강원도 속초 바닷가에서 10여 마리를 볼 수 있다.

▲ 뺨에 흰색의 둥근 점이 있는 수컷(왼쪽)

기러기목/오리과

- ◆생활형 / 겨울 철새
- ◆몸 길이 / 약 45cm
- ◆먹이 / 갑각류, 조개류, 수서 곤충류
- ◆출현기 / 11~12월, 1~3월
- ◆분포 / 한국, 일본, 러시아
- ※전국 바닷가나 호수 등지에서 10여 마리를 볼 수 있으며, 충남 서산 간월도 주변에서는 쉽게 볼 수 있다.

흰뺨오리

학 명 : *Bucephala clangula*
영 명 : Common Goldeneye

수컷의 머리는 청록색, 눈 아래 뺨에는 흰색 점이 있으며, 부리는 흑갈색이다. 암컷의 머리는 갈색이고, 목은 흰색이며, 몸통은 흰색 바탕에 검은색 무늬가 있다. 눈은 노란색, 부리는 검은색, 다리는 귤빛이다. 헤엄과 잠수에 능하며, 호수나 활엽수림에서 생활한다. 겨울에는 주로 바다에 서식한다. 번식기에는 툰드라 초지의 습지 주변 나뭇구멍에 둥지를 만든다.

▲▲ 수컷 ▲ 호숫가에서 휴식 중인 암컷

흰비오리

학 명 : *Mergellus albellus*
영 명 : Smew

수컷의 몸은 거의 흰색이며, 몸통에는 검은 줄들이 있고, 눈 주위에는 검은 점이 있다. 암컷은 몸이 회갈색이고, 머리는 연한 밤색이며, 댕기깃이 있다. 뺨과 턱 밑은 흰색이다. 부리와 다리는 회색이다. 큰 하천과 강가의 숲, 저수지 등 낮은 지대를 좋아하며, 잠수를 잘 한다. 번식기에는 고목이 많은 계곡에서 나뭇구멍에 둥지를 만든다.

기러기목/오리과

- ◆생활형 / 겨울 철새
- ◆몸 길이 / 약 42cm
- ◆먹이 / 물고기, 연체 동물, 갑각류, 곤충의 유충
- ◆출현기 / 11~12월, 1~3월
- ◆분포 / 한국, 일본, 러시아
- ※비오리 종류 중 가장 작은 종이다. 추운 겨울에 바닷가나 호수 등지에 10여 마리가 찾아온다.

▲ 강에서 먹이를 찾고 있다(왼쪽 : 수컷, 오른쪽 : 암컷).

기러기목/오리과

- ◆생활형 / 겨울 철새
- ◆몸 길이 / 약 65cm
- ◆먹이 / 물고기, 갑각류
- ◆출현기 / 11~12월, 1~3월
- ◆분포 / 한국, 일본, 중국, 몽골, 러시아

※다양한 습지에서 서식하나 주로 강에서 볼 수 있다. 매년 겨울에 낙동강이나 한강 성수대교 부근에 50여 마리가 찾아온다.

비오리

학 명 : *Mergus merganser*
영 명 : Goosander

수컷의 몸 전체는 흰색이며, 등의 가운데 부분은 검은색이다. 머리는 짙은 청동색을 띠고, 댕기깃이 있다. 암컷의 몸 윗면은 잿빛을 띠며, 머리는 갈색을 띠고 댕기깃이 있다. 비오리 종류는 부리가 길고 끝이 굽어 있는 것이 특징이다. 다리는 귤빛을 띤다. 겨울에 강이나 호수에 찾아오며, 잠수해서 물고기를 잡아먹는다. 번식기에는 고목이 많은 계곡에서 나뭇구멍에 둥지를 만든다.

▲▲ 휴식하고 있다(왼쪽 : 수컷, 오른쪽 : 암컷).

바다비오리

학 명 : *Mergus serrator*
영 명 : Red-breasted Merganser

수컷의 머리는 검은색이고 뒤쪽에 댕기깃이 있는데, '비오리'보다 더 길다. 목은 흰색, 목 뒤에는 검은색 줄이 있으며, 어깨와 등은 검은색, 배는 흰색, 옆구리에 파도무늬가 있다. 암컷은 머리 위와 뒷목, 몸 윗면은 회갈색, 뺨은 적갈색, 배는 흰색이다. 수컷의 부리는 붉은색, 암컷은 갈색이며, 다리는 연한 붉은색이다. 번식기에는 호숫가 주변 습지 덤불 속에 둥지를 튼다.

기러기목/오리과

- ◆생활형 / 겨울 철새
- ◆몸 길이 / 약 58cm
- ◆먹이 / 물고기, 갑각류
- ◆출현기 / 11~12월, 1~3월
- ◆분포 / 한국, 일본, 중국, 러시아

※주로 바다에서 살아가는 종이다. 1970년대 이후 경남 거제도에서 겨울을 보냈으나 지금은 강원도 속초 바닷가에서 볼 수 있다.

▲ 긴 댕기깃이 있는 수컷

▶ 암컷

기러기목/오리과

◆ 생활형 / 나그네새
◆ 몸 길이 / 약 57cm
◆ 먹이 / 수서 곤충류와 유충
◆ 출현기 / 5월, 11월
◆ 분포 / 한국, 러시아
※ 민물에 찾아오는 보기 드문 오리 종류이다. 겨울에는 북한강에서 볼 수 있고, 봄에는 낙동강 모래사장에서 볼 수 있다. 천연기념물 제448호, 멸종위기야생동식물 Ⅱ급

호사비오리

학 명 : *Mergus squamatus*
영 명 : Scaly-sided Merganser

길게 뻗은 댕기깃과 옆구리의 뚜렷한 비늘무늬로 '비오리'와 확연히 구별된다. 수컷의 몸통과 날개는 흰색 바탕에 검은색 무늬가 있으며, 부리와 다리는 붉은색, 머리는 짙은 광택이 나는 청동색을 띤다. 암컷의 몸통은 회색이며, 머리는 밝은 갈색이다. 번식기에는 숲이 울창한 계곡에 서식하며, 암컷은 수컷에 비해 갈색을 띤다. 깊은 물에서는 잠수를 하여 먹이를 찾는다.

▲ 타원반 모양의 몸은 유영, 잠수에 적합하다.

◀ 호숫가 갈대밭에서 쉬고 있다.

아비

학 명 : *Gavia stellata*
영 명 : Red-throated Diver

수컷의 머리는 회색을 띠며, 목에는 갈색의 패치가 길게 있다. 목 뒤에는 회색 바탕에 검은 줄이 아래로 나 있다. 등은 어두운 갈색으로 흰색의 작은 점이 많다. 암컷은 등이 수컷과 달리 짙은 회색과 흰색을 띠며, 짙은 회색의 부리는 뾰족하고 약간 위로 향해 있다. 항만이나 내륙 지방의 저수지, 호수에서 생활하며 무리를 짓지 않는다. 번식기에는 호숫가 주변 습지에 둥지를 튼다.

아비목/아비과

- ◆생활형 / 겨울 철새
- ◆몸 길이 / 약 63cm
- ◆먹이 / 물고기
- ◆출현기 / 11~12월, 1~3월
- ◆분포 / 일본, 중국, 러시아

※주로 민물 호수에 찾아오나 적은 수는 작은 항구에도 찾아온다. 강원도 경포호의 갈대밭에서 볼 수 있다.

▲▲ 먹이를 찾고 있다.　▲ 비상 중　● 월동 중인 무리

아비목/아비과

- ◆생활형 / 겨울 철새
- ◆몸 길이 / 약 65cm
- ◆먹이 / 물고기, 극피 동물, 연체 동물, 갑각류
- ◆출현기 / 11~12월, 1~4월
- ◆분포 / 한국, 일본, 러시아
- ※동해안과 남해안에 무리지어 다니면서 멸치를 잡아먹는다. 경남 거제도 바닷가에 매년 2,3백 마리가 찾아온다.

회색머리아비

학 명 : *Gavia pacifica*
영 명 : Pacific Loon

수컷은 몸 전체가 회색을 띠지만 머리는 부드러운 회색을 띠며, 등과 날개는 검은색 바탕에 흰색 줄이 있다. 암컷은 수컷과 달리 갈색과 흰색으로 이루어져 있다. 부리와 다리는 짙은 회색을 띤다. 먹이 잡는 시간 이외에는 바닷가의 작은 갈대섬이나 모래섬에서 휴식을 하고, 번식기에는 바닷가 주변 습지에 둥지를 튼다. 헤엄을 잘 치므로 잠수하여 먹이를 찾는다.

▲▲ 먼바다에서 먹이를 찾는 무리 ▲ 어미새 ▲ 새끼새

슴새

학 명 : *Calonectris leucomelas*
영 명 : Streaked Shearwater

몸의 윗면은 흑갈색을 띠며, 이마와 눈 앞쪽, 날개 밑, 배는 흰색이다. 콧구멍은 하나로 되어 있다. 부리는 회색, 다리는 분홍색이다. 사람이 살지 않는 남해안의 외딴 섬 땅굴 속의 나무 뿌리 사이에 수평으로 구멍을 파고 둥지를 만들며, 바위틈에 알을 낳아 번식한다. 낮에는 먼바다에서 무리지어 생활하다가 해가 지면 섬으로 돌아온다.

슴새목/슴새과

- ◆생활형 / 여름 철새
- ◆몸 길이 / 약 47cm
- ◆먹이 / 물고기, 오징어
- ◆출현기 / 5~9월
- ◆분포 / 한국, 일본, 동남 아시아, 뉴질랜드
- ※제주특별자치도의 외딴 섬 사수도에는 2,3천 마리가 땅굴에 서식한다.

▲ 외딴 섬에서 번식 중인 어미새   ▲ 구멍을 파 만든 둥지

슴새목/바다제비과

바다제비

학 명 : *Occeanodroma monorhis*
영 명 : Swinhoe's Storm Petrel

◆생활형/여름 철새
◆몸 길이/약 20cm
◆먹이/물고기, 동물성 플랑크톤
◆출현기/5~9월
◆분포/한국, 일본, 동남아시아, 뉴질랜드
※매년 여름 전남 칠발도 등의 섬에 서식하며, 새벽에 바닷가에 나갔다가 해가 지면 섬으로 돌아온다.

몸 전체가 흑갈색을 띠며, 모습이 '제비'와 비슷하다. 콧구멍은 하나로 되어 있다. 부리와 다리는 검은색이다. 날개와 발을 사용하여 해면을 걷듯이 날며, 바다 가운데의 작은 섬에서 무리지어 서식한다. 사람이 살지 않는 남해안의 외딴 섬 경사진 지면에 수평으로 구멍을 파고 둥지를 만들며, 바위틈에 알을 낳아 번식한다. 알은 암수가 교대로 품는다.

▲ 월동 중인 무리

◀ 알을 품은 어미새

논병아리

학 명 : *Tachybaptus ruficollis*
영 명 : Little Grebe

몸 전체가 흑갈색이며, 아랫목은 적갈색을 띤다. 꼬리는 밝은 회색을 띤다. 부리와 다리는 검은색이며, 부리 안쪽에 작은 흰색 점이 있다. 암수로 세력권을 가지며, 잠수하여 작은 물고기를 잡아먹는다. 강과 호수, 저수지의 부들밭이 있는 곳에 번식한다. 수초로 물 위에 떠 있는 둥지를 만들며, 둥지를 비울 때에는 수초로 알을 덮고 나간다. 알은 암수가 교대로 품는다.

논병아리목/논병아리과

◆생활형/텃새
◆몸 길이/약 26cm
◆먹이/작은 물고기, 물 속의 작은 생물, 수초류
◆출현기/사계절
◆분포/한국, 일본, 중국, 몽골, 러시아
※호숫가나 강가 갈대밭보다는 부들밭에서 번식하며, 경기도 안산 간척 호수에는 많은 개체가 번식한다.

▲ 둥지 부근에서 휴식하고 있다(여름깃).

논병아리목/논병아리과

- ◆생활형 / 겨울 철새
- ◆몸 길이 / 약 47cm
- ◆먹이 / 물고기, 개구리, 갑각류, 연체 동물, 수서 곤충류
- ◆출현기 / 11~12월, 1~2월
- ◆분포 / 한국, 일본, 중국, 몽골, 러시아, 북아메리카
- ※약 20년 전에는 '뿔논병아리' 무리에서 쉽게 볼 수 있었으나 지금은 거의 찾아볼 수 없다.

큰논병아리

학 명 : *Podiceps grisegena*
영 명 : Red-necked Grebe

여름깃의 이마, 머리꼭대기, 뒷머리, 머리 옆, 뒷목, 눈 앞은 광택이 나는 흑갈색이고, 목과 가슴, 배는 갈색을 띤다. 뒷머리 양쪽에 있는 깃털은 길며, 우관을 이룬다. 겨울깃의 머리꼭대기, 목, 등, 날개는 흑갈색이고 가슴, 배는 흰색이다. 부리는 황갈색을 띠며, '논병아리'보다 길고 뾰족하다. 겨울에는 단독 또는 암수가 함께 해상이나 항만에서 생활한다. 번식기에는 호숫가 주변 풀숲에 둥지를 튼다.

▲▲ 새끼새와 어미새　▲ 둥지　　　▲ 알에서 막 깨어난 새끼새

뿔논병아리

학 명 : *Podiceps cristatus*
영 명 : Great Crested Grebe

논병아리목/논병아리과

- ◆생활형 / 겨울 철새
- ◆몸 길이 / 약 56.5cm
- ◆먹이 / 물고기, 수서 연체 동물, 수초류
- ◆출현기 / 10~11월, 1~3월
- ◆분포 / 한국, 일본, 중국, 러시아
- ※논병아리 종류 중 몸집이 가장 크다.

머리는 녹색 광택이 나는 검은색이며, 턱 밑과 배는 흰색, 어깨와 등은 갈색이다. 목은 길고, 눈썹 선은 흰색이며, 눈과 부리가 검은색 선으로 이어졌다. 암수는 구별하기 어렵다. 번식기에는 다른 논병아리 종류에 비해 댕기깃이 길며, 얕은 호숫가 갈대밭에 둥지를 튼다. 최근 아주 소수의 무리가 충남 서산 천수만, 경기도 안산 시화호, 경기도 양평에서 번식하는 것으로 알려져 있다.

▲ 물숲에서 알을 품은 어미새

논병아리목/논병아리과

- ◆생활형 / 겨울 철새
- ◆몸 길이 / 약 33cm
- ◆먹이 / 물고기, 복족류, 수서 곤충류, 갑각류, 이끼류
- ◆출현기 / 11~12월, 1~3월
- ◆분포 / 한국, 일본, 중국, 몽골, 러시아
- ※1960년대에는 경남 거제도에서 100여 마리를 볼 수 있었다.

귀뿔논병아리

학 명 : *Podiceps auritus*
영 명 : Slavonian Grebe

머리와 목 뒤, 날개는 암흑색이며, 목과 배는 흰색이다. 눈은 빨간색이다. 암수 같은 빛깔이다. 번식기에는 귀에 광택이 나는 노란색 댕기깃이 있다. 바닷가, 강어귀 등에서 살며, 겨울철에는 단독 또는 암수가 함께 생활한다. 번식기에는 습지 주변의 숲에 둥지를 튼다. 내륙의 습지에는 거의 도래하지 않으며, 바닷가나 강 하구에서 드물게 적은 수를 볼 수 있다.

▲▲ 바다에서 휴식하고 있다.　▲ 월동 중인 무리

검은목논병아리

학 명 : *Podiceps nigricollis*
영 명 : Black-necked Grebe

머리 위와 목, 등 쪽은 모두 검은색이고, 허리의 옆쪽은 어두운 밤색을 띤 갈색이다. 첫째 날개깃은 갈색이고, 둘째 날개깃은 흰색이다. 가슴의 옆쪽 밑으로는 검은빛을 띤 회색 무늬가 있다. 가슴과 배의 가운데 부분은 빛이 나는 흰색이며, 아랫배는 회갈색이다. 바닷가와 호수 등지에서 서식하며, 위험을 느끼면 잠수하여 피한다. 항구나 바닷가에서 무리지어 다닌다.

논병아리목/논병아리과

◆생활형 / 겨울 철새
◆몸 길이 / 약 31cm
◆먹이 / 물고기, 갑각류, 복족류, 곤충류
◆출현기 / 11~12월, 1~3월
◆분포 / 한국, 일본, 중국, 몽골, 러시아

※1970년대에는 200마리 정도가 월동했으나 지금은 강원도 고성 아야진항에서 드물게 볼 수 있다.

▲▲ 초원에서 먹이를 찾고 있다. ▲ 비상 중

황새목/황새과

- ◆생활형 / 겨울 철새
- ◆몸 길이 / 약 96cm
- ◆먹이 / 쥐, 물고기, 뱀, 개구리, 도롱뇽, 곤충류
- ◆출현기 / 11~12월, 1~2월
- ◆분포 / 한국, 중국, 몽골, 러시아

※몽골에서는 여름에 쉽게 볼 수 있는 종이다. 천연기념물 제200호, 멸종위기야생동식물 Ⅱ급

먹황새

학 명 : *Ciconia nigra*
영 명 : Black Stork

몸 전체가 검은색이며, 날개 바깥 부분과 배는 흰색이다. 부리와 다리는 빨간색이다. 암수는 구별하기 어렵다. 번식기에는 습지 주변의 초원이나 숲 가장자리에 있는 나무에 단독으로 둥지를 튼다. 우리 나라에서는 희귀한 새로, 지금까지 10마리가 채집, 기록되었다. 최근에는 매년 전남 함평 대동 저수지에 7마리 내외가 찾아와 겨울을 나는 것이 확인되었다.

▲ 논에서 먹이를 찾고 있다.　　▲▲ 개울에서 먹이를 찾고 있다.　▲ 알

황새

학 명 : *Ciconia boyciana*
영 명 : Oriental White Stork

몸 전체가 흰색이며, 날개 끝은 검은색이다. 눈 가장자리와 다리는 빨간색이다. 울음관이 퇴화되어 울음소리 대신에 위아래 부리를 부딪쳐 소리를 내는데, 이 소리는 번식기에 특히 잘 들린다. 강 하구, 넓은 습지대의 물가에서 살며, 높은 나무의 꼭대기에 둥지를 튼다. 우리 나라에서 볼 수 있는 조류 중에서 가장 크며, 시베리아에서 5마리 내외가 드물게 찾아온다.

황새목/황새과

- ◆생활형/겨울 철새
- ◆몸 길이/약 195cm
- ◆먹이/물고기, 양서류, 식물성 먹이
- ◆출현기/10~12월, 1~3월
- ◆분포/한국, 중국, 몽골, 러시아

※우리 나라의 번식지는 사라졌다. 천연기념물 제199호, 멸종위기야생동식물 Ⅰ급

▲ 월동 중인 무리

▶ 비상하는 무리

황새목/따오기과

◆ 생활형 / 겨울 철새
◆ 몸 길이 / 약 86cm
◆ 먹이 / 작은 물고기, 개구리, 연체 동물, 딱정벌레
◆ 출현기 / 10~12월, 1~3월
◆ 분포 / 한국, 일본, 중국, 몽골, 러시아
※ 민물에만 찾아온다. 천연기념물 제205-2호, 멸종위기 야생동식물 I급

노랑부리저어새

학 명 : *Platalea leucorodia*
영 명 : Eurasian Spoonbill

몸 전체는 흰색이며, 앞목의 밑부분과 댕기깃만 노란색을 띤다. 부리는 주걱 모양이고, 검은색을 띠며, 부리 끝은 어두운 노란색이다. 다리는 검은색이다. 어린새는 어미새와 비슷하나 머리에 댕기깃이 없고, 날개깃의 끝 부분은 검은 회색이다. 바닷가, 강변, 연못, 논 등에 서식하며, 부리를 수면에 대고 목을 좌우로 흔들며 먹이를 찾는다. 번식기에는 얕은 습지 주변 갈대밭에 둥지를 튼다.

▲ 부리 끝이 넓어서 긴 숟가락과 비슷하다.

저어새

학 명 : *Platalea minor*
영 명 : Black-faced Spoonbill

황새목/따오기과

- ◆생활형 / 여름 철새
- ◆몸 길이 / 약 86cm
- ◆먹이 / 작은 민물고기, 개구리, 올챙이
- ◆출현기 / 5~9월
- ◆분포 / 한국, 일본, 중국

※인천 강화도 부근과 북한 대동강 덕도 등에서 번식한다. 천연기념물 제205-1호, 멸종위기야생동식물 Ⅰ급

암컷은 수컷보다 약간 작으며, 몸 색깔은 흰색으로 거의 같다. 부리는 먹빛을 띠고, 끝이 넓어서 배의 노나 긴 숟가락처럼 생겼으며, '노랑부리저어새'와 비슷하지만 중간의 가는 부분이 특히 짧다. 경계심이 강해 접근하기가 어려우며, 인가와 먼 강 하구나 바닷가 가까운 저수지 등에서 산다. 번식기에는 서해안의 휴전선 부근 섬 절벽에 둥지를 튼다. 매우 희귀한 새이다.

▲▲ 비상하는 무리 ▲ 바닷가에서 휴식 중인 무리

▲ 갈대처럼 위장하여 눈에 띄지 않는다.

알락해오라기

학 명 : *Botaurus stellaris*
영 명 : Eurasian Bittern

'해오라기' 보다 크고, 깃은 황갈색이며, 몸 전체에 검은색 줄과 불규칙한 무늬가 있다. 머리꼭대기는 검은색이고, 부리와 다리는 노란색이다. 암수는 구별하기 어렵다. 늪과 못 또는 넓은 갈대밭에 살며, 천천히 움직여 먹이를 잡는다. 주로 밤에 활동하는데, 낮에 사람이 접근하면 꼼짝 않고 똑바로 서 있기 때문에 잘 발견되지 않는다. 둥지는 습지 주변 갈대밭에 튼다.

황새목/백로과

- ◆생활형 / 겨울 철새
- ◆몸 길이 / 약 75cm
- ◆먹이 / 물고기, 개구리, 대형 곤충류
- ◆출현기 / 11~12월, 1~3월
- ◆분포 / 한국, 일본, 중국, 몽골, 러시아
- ※물가에서는 잘 움직이지 않고 로봇같이 천천히 움직여 물고기를 잡아먹는다.

▲▲ 알을 품은 어미새 ▲ 알
◀ 먹이를 찾는 수컷

황새목/백로과

- ◆생활형 / 여름 철새
- ◆몸 길이 / 약 37cm
- ◆먹이 / 미꾸라지, 새우, 개구리, 곤충류
- ◆출현기 / 5~9월
- ◆분포 / 한국, 일본, 중국, 동남 아시아
- ※백로 종류 중 가장 몸집이 작다.

덤불해오라기

학 명 : *Ixobrychus sinensis*
영 명 : Yellow Bittern

몸 전체가 황갈색이며, 앞가슴의 흰색 줄이 특징이다. 암수의 깃털이 약간 다르다. 수컷은 이마, 머리꼭대기, 뒷머리, 등, 어깨는 어두운 갈색이다. 암컷은 목과 배에 붉은 갈색의 세로줄 무늬가 있다. 어린새는 앞가슴에 갈색 줄이 아래로 나 있다. 갈대나 부들이 무성한 강가나 호숫가에 많이 번식하며, 6월 말에는 산란한 둥지, 알을 품은 어미새와 새끼들을 쉽게 찾을 수 있다.

▲ 갈대밭에서 휴식 중인 수컷

큰덤불해오라기

학 명 : *Ixobrychus eurhythmus*
영 명 : Schrenck's Bittern

몸 전체가 갈대와 비슷한 황갈색이다. 수컷의 머리꼭대기는 검은색, 다리는 녹색이다. 물가의 갈대밭이나 늪지 등 풀이 무성한 곳에 풀잎과 줄기를 이용하여 둥지를 튼다. '덤불해오라기'와 비슷한 생활을 하는데, 유사한 서식지인 넓은 갈대밭과 물가에서 물고기를 잡아먹는 행동과 주변을 경계할 때 목과 부리를 하늘로 세우는 모습까지 비슷하다.

황새목/백로과

- ◆생활형 / 나그네새
- ◆몸 길이 / 약 39cm
- ◆먹이 / 물고기, 개구리, 곤충류
- ◆출현기 / 5월
- ◆분포 / 한국, 일본, 중국, 몽골, 러시아
- ※이동 시기인 5월 초에 남해안 외딴 섬에서 볼 수 있다. 멸종위기야생동식물 Ⅱ급

▲ 개울가에서 먹이를 찾는 수컷 　　▲ 잠을 자는 암컷

황새목/백로과

- ◆생활형 / 텃새
- ◆몸 길이 / 56~61cm
- ◆먹이 / 물고기, 개구리, 가재
- ◆출현기 / 사계절
- ◆분포 / 한국, 일본, 중국, 동남 아시아
- ※최근에는 많은 무리가 겨울에 남쪽으로 이동하지 않고 우리 나라에서 지낸다.

해오라기

학 명 : *Nycticorax nycticorax*
영 명 : Black-crowned Night Heron

머리와 등은 청색을 띤 검은색이며, 날개는 엷은 회색이고 배는 흰색이다. 수컷은 흰색 댕기깃이 있으며, 암컷은 수컷과 달리 황갈색의 보호색을 띤다. 부리는 검은색이고 다리는 노란색이다. 야행성으로, 낮에는 침침한 숲에 있다가 저녁에 논이나 개울에서 먹이를 찾는다. 번식기가 되면 대나무, 소나무 숲에서 다른 백로 종류와 함께 집단으로 번식한다.

물새　281

▲ 부화한 지 5일째 된 새끼새
◀ 개울가에서 먹이를 찾고 있다.

검은댕기해오라기

학 명 : *Butorides striata*
영 명 : Striated Heron

이마와 머리는 녹색 광택이 나는 검은색이고, 뒷머리 깃털은 버들잎 모양이며, 길이 6~7cm의 우관을 이룬다. 몸 전체는, 수컷은 옅은 회색이고 암컷은 황갈색의 보호색을 띤다. 부리는 검은색, 다리는 노란색이다. 단독 또는 암수가 함께 생활하며, 무리를 짓지 않는다. 앉아 있을 때나 날 때에는 목을 S자 모양으로 한다. 소나무나 그 밖의 잡목, 교목의 가지에 둥지를 튼다.

황새목/백로과

- ◆생활형 / 여름 철새
- ◆몸 길이 / 약 50cm
- ◆먹이 / 작은 물고기, 개구리, 갑각류, 곤충류
- ◆출현기 / 5~9월
- ◆분포 / 한국, 일본, 중국, 동남 아시아

※최근에는 개체 수가 많이 감소하였다.

▲ 이동 중 길을 잃어 찾아온다(여름깃).

황새목/백로과

- ◆생활형 / 미조
- ◆몸 길이 / 약 45cm
- ◆먹이 / 작은 물고기, 개구리, 갑각류, 곤충류
- ◆출현기 / 5~9월
- ◆분포 / 한국, 일본, 중국, 동남 아시아
- ※2000년을 전후해서 경기도 김포 등지에서 번식했으나 최근에는 전남 흑산도에서 적은 수가 관찰된다.

흰날개해오라기

학 명 : *Ardeola bacchus*
영 명 : Chinese Pond Heron

여름깃은 암수 모두 머리와 목의 띠가 붉은 갈색이다. 머리 깃털은 길어서 우관을 이루며, 밤색이다. 등은 검은색이고, 날개와 꼬리, 배는 흰색이다. 겨울깃은 전체적으로 갈색을 띤다. 부리는 노란색을 띠며, 그 끝은 검은색이다. 다리는 노란색이다. 논, 습지, 바닷가의 암석지 등에 서식한다. 번식기에는 다른 백로 종류와 무리지어 둥지를 튼다.

▲ 번식기에는 머리와 앞가슴의 깃이 노란색을 띤다.

황로

학 명 : *Bubulcus ibis*
영 명 : Cattle Egret

몸 전체는 흰색이다. 머리와 앞가슴은 번식기에 노란색으로 변하며, 머리에 있는 노란색 깃털은 솟아 있다. 부리와 다리는 분홍색이나 노란색을 띤다. 주로 강가, 저수지, 강 하구 및 논 근처의 습지 등에서 생활하며, 소나무나 팽나무 등의 가지에 둥지를 튼다. '중대백로', '중백로', '쇠백로' 등과 혼성 번식을 할 때도 있다.

황새목/백로과

- ◆생활형 / 여름 철새
- ●몸 길이 / 약 50.5cm
- ●먹이 / 물고기, 개구리, 파충류, 곤충류, 쥐
- ●출현기 / 5~9월
- ◆분포 / 한국, 일본, 중국, 동남 아시아
- ※백로 종류 중 가장 늦게 찾아와 번식하는데, 유일하게 메뚜기를 잡아먹는다.

▲ 어린새와 함께 있는 어미새　▲▲ 먹이를 찾고 있다.　▲ 비상 중

황새목/백로과

- ◆생활형 / 텃새
- ◆몸 길이 / 약 93cm
- ◆먹이 / 물고기, 개구리, 가재
- ◆출현기 / 사계절
- ◆분포 / 한국, 일본, 중국, 동남 아시아

※ 여름에만 볼 수 있는 철새였으나 지금은 월동을 위해 이동하지 않으므로 사계절 쉽게 볼 수 있다.

왜가리

학 명 : *Ardea cinerea*
영 명 : Grey Heron

암수가 같은 빛깔이다. 몸은 전체적으로 회색이며, 목 부위는 흰색 바탕에 검은색 줄이 있고, 어깨는 검은색이다. 부리와 다리는 노란색이다. 호반, 소택지, 논, 간석지 등에 서식한다. 백로 종류 중 가장 먼저 번식지를 찾아오며, 큰 침엽수나 활엽수의 꼭대기에 둥지를 튼다. 다른 백로 종류와 함께 집단으로 번식한다.

▲ 간척지 논에서 휴식 중인 어린새

붉은왜가리

학 명 : *Ardea purpurea*
영 명 : Purple Heron

'왜가리'보다 작고 몸이 가늘며, 갈색을 많이 띤다. 목 부분이 갈색이어서 '왜가리'와 쉽게 구별된다. 부리와 다리는 노란색이다. 번식기에는 머리와 가슴에 장식깃이 있다. 보행과 비상을 하는 모습 등이 '왜가리'와 비슷하나, 경계할 때에는 의태 행동을 한다. 야행성이어서 새벽과 저녁에 먹이를 찾아다닌다. 무리지어 생활하며, 다른 백로 종류와 함께 번식한다.

황새목/백로과

- ◆생활형 / 미조
- ◆몸 길이 / 약 79cm
- ◆먹이 / 물고기, 갑각류, 양서류, 곤충류, 들쥐, 조류
- ◆출현기 / 11~12월, 1월
- ◆분포 / 한국, 중국, 몽골, 러시아

※ 겨울에 불규칙하게 1마리 정도가 찾아오며, 제주도나 충남 서산 천수만 등지의 논에서 볼 수 있다.

▲▲ 비상 중 ▲ 논에서 먹이를 찾고 있다.

황새목/백로과

- ◆생활형/겨울 철새
- ◆몸 길이/약 95cm
- ◆먹이/물고기, 갑각류, 올챙이, 개구리, 수서 곤충류, 들쥐
- ◆출현기/11~12월, 1~3월
- ◆분포/한국, 중국, 몽골, 러시아
- ※백로 종류 중 몸집이 가장 크다.

대백로

학 명 : *Ardea alba alba*
영 명 : Great Egret

'중대백로'와 생김새가 매우 비슷하지만 몸집이 더 큰 것이 특징이다. 몸은 암수 모두 흰색이며, 뒷머리와 윗가슴의 깃은 약간 길다. 부리는 노란색인데, 번식기에는 검게 변하고 끝 부분만 노란색이다. 야행성이어서 밤에 먹이를 찾아다닌다. 여름 철새인 백로 종류가 모두 월동지로 이동한 다음 100여 마리가 충남 서산 천수만 등지의 논에 찾아온다.

▲ 휴식 중인 한 쌍　　　　　　▲ 논에서 먹이를 찾고 있다.

중대백로

학 명 : *Ardea alba modesta*
영 명 : Great Egret

몸 빛깔은 순백색이다. 번식기에 눈 앞은 녹색 피부가 드러나 보이며, 어깨에는 좁고 긴 장식깃이 30~50개가 있다. 가슴에도 긴 장식깃이 있으나 겨울깃에는 가슴 장식깃이 없다. 부리와 다리는 검은색이다. 번식기에는 잡목림, 소나무, 참나무, 은행나무 등 지상에서 2~3m 이상 20m의 높은 곳에서도 집단 번식을 한다. '왜가리', '중백로', '쇠백로' 등과 혼성 번식을 하기도 한다.

황새목/백로과

- ◆생활형 / 여름 철새
- ◆몸 길이 / 약 90cm
- ◆먹이 / 물고기, 갑각류, 올챙이, 개구리, 수서 곤충류, 들쥐
- ◆출현기 / 4~9월
- ◆분포 / 한국, 일본, 중국, 동남 아시아

※번식기에는 마을 근처 나뭇가지에서 머물고 번식이 끝나면 모두 물가로 나온다.

▲ 번식 중인 가족 무리

황새목/백로과

중대백로

학 명 : *Egretta intermedia*
영 명 : Intermediate Egret

- ◆생활형 / 여름 철새
- ◆몸 길이 / 약 70cm
- ◆먹이 / 물고기, 갑각류, 양서류, 수서 곤충류
- ◆출현기 / 5~9월
- ◆분포 / 한국, 일본, 중국, 동남 아시아
- ※백로 종류 중 가장 많이 찾아오는 여름 철새이다.

'중대백로'와 비슷하나 몸 전체의 크기가 더 작으며, 부리는 노란색이고 끝 부분은 검은색, 다리가 검은색인 점이 다르다. 서식 환경과 습성도 비슷하다. 논, 하천, 습지 등에서 먹이를 찾는다. 둥지는 '중대백로'보다 두껍게 만들며, '중대백로'나 '왜가리' 등과 혼성 번식을 한다.

▲ 알 ▲ 뒷머리에 2개의 긴 흰색 댕기깃이 있다.

쇠백로

학 명 : *Egretta garzetta*
영 명 : Little Egret

황새목/백로과

- ◆생활형 / 여름 철새
- ◆몸 길이 / 약 60cm
- ◆먹이 / 작은 물고기, 개구리, 곤충류
- ◆출현기 / 5~9월
- ◆분포 / 한국, 일본, 중국, 동남 아시아

몸 전체가 흰색이다. 뒷머리에 2개의 긴 흰색 댕기깃이 있고, 발가락이 노란 점이 다른 백로 종류와 다르다. 부리와 다리는 검은색이다. 번식기에는 머리에 댕기깃이 있는데, 번식이 끝난 겨울깃에는 없다. 논, 습지, 호반, 하구, 바닷가, 간석지 등에서 살며, 대숲이나 소나무 숲에 무리지어 둥지를 튼다. 다른 백로 종류와 혼성 번식을 한다.

▲ 바닷가에서 먹이를 찾고 있다.
◀ 휴식하고 있다.

황새목/백로과

- ◆생활형 / 텃새
- ◆몸 길이 / 약 62cm
- ◆먹이 / 작은 물고기, 갑각류, 조개
- ◆출현기 / 사계절
- ◆분포 / 한국, 일본, 중국, 동남 아시아
- ※남해안의 거제도, 제주도, 완도 등의 바닷가에서 볼 수 있다.

흑로

학 명 : *Egretta sacra*
영 명 : Pacific Reef Egret

몸은 전체적으로 진한 회색이며, 부분적으로 암갈색을 띠기도 한다. 눈 앞은 청회색을 띤다. 앞목 아래쪽과 어깨에는 가늘고 뾰족한 장식깃이 있다. 다리는 노란색을 띤다. 단독 또는 함께 생활하며, 바닷가를 거닐며 먹이를 찾는다. 작은 무인도의 암초나 나무 위 또는 암벽 선반 위에 둥지를 튼다.

▲ 둥지에서 경계하고 있다.　　▲▲ 둥지의 가족 무리　▲ 알

노랑부리백로

학 명 : *Egretta eulophotes*
영 명 : Chinese Egret

형태와 습성은 다른 백로 종류와 비슷하다. 번식기에는 머리에 장식깃이 있으며, 눈 언저리는 진한 푸른빛을 띤다. 부리는 노란색이고, 발가락은 갈색이다. 비번식기의 부리는 검은색이다. 외딴 섬에서 번식하는데, 먹이는 섬 주변이나 육지의 바닷가, 주로 갯벌에서 구한다. 낮은 덤불에 둥지를 틀므로 알이나 새끼가 포식되기 쉽다.

황새목/백로과

- ◆생활형 / 여름 철새
- ◆몸 길이 / 약 60cm
- ◆먹이 / 물고기
- ◆출현기 / 5~9월
- ◆분포 / 한국, 일본, 중국, 동남 아시아

※5~6월에 서해안의 강화도에서 번식한다. 천연기념물 제361호, 멸종위기야생동식물 I급

▲ 괭이갈매기(아래)를 노리고 있다.

사다새목/군함조과

- ◆생활형/미조
- ◆몸 길이/80~105cm
- ◆먹이/날치, 청어, 숭어
- ◆출현기/8월
- ◆분포/태평양, 인도양, 대서양
- ※외딴 섬에서 매우 드물게 관찰되며, 2007년 7월에는 강원도 춘천호에서 1마리가 관찰되었다.

군함조

학 명 : *Fregata ariel*
영 명 : Lesser Frigate Bird

암컷이 수컷보다 크며, 몸은 검은색으로 푸른색, 자주색의 금속 광택이 있다. 수컷의 목에는 빨간색의 큰 주머니가 드러나 있다. 비행시 날개는 가늘고 길게 기역자로 보이며, 꼬리는 제비꼬리와 같이 길게 두 갈래로 나누어져 있고, 검은색 바탕에 가슴의 흰색 패치가 특징이다. 번식기에는 수컷이 둥지에 앉아 목의 빨간 주머니를 과시해 암컷을 유인한다.

▲▲ 바닷가에서 휴식하고 있다.　▲ 무리지어 생활한다.

민물가마우지

학 명 : *Phalacrocorax carbo*
영 명 : Great Cormorant

사다새목/가마우지과

- ◆생활형 / 텃새
- ◆몸 길이 / 약 80cm
- ◆먹이 / 물고기
- ◆출현기 / 사계절
- ◆분포 / 한국, 일본, 중국, 몽골, 타이완

※ 겨울에 남해 도서 연안의 해상이나 암초 위에서 흔히 볼 수 있다. 최근에는 서해안 외딴 섬에서도 적은 수가 번식한다.

'가마우지'와 비슷한 깃털을 가지고 있지만, 몸이 날씬하고 목 부위가 검은색이다. 이마, 머리꼭대기, 뒷머리, 목은 검은색이며, 남빛 녹색의 금속 광택이 있다. 부리는 노란색이며, 그 끝이 구부러져 있다. 다리는 검은색을 띠며, 발가락에는 물갈퀴가 있다. 민물과 바다가 있는 내륙 지방 항구나 호수 지역에서 무리지어 생활하며, 먹이를 찾아 오랫동안 잠수한다.

▲ 바위 위에서 휴식하고 있다.

▶ 휴식 중인 무리

사다새목/가마우지과

- ◆생활형 / 텃새
- ◆몸 길이 / 약 81cm
- ◆먹이 / 바닷물고기
- ◆출현기 / 사계절
- ◆분포 / 한국, 일본, 중국, 동남 아시아

※경남 거제도의 바닷가 바위에서 흔히 볼 수 있으며, 수심 10~20m까지 들어가므로 우리 나라 물새 중 가장 깊은 곳까지 잠수한다.

가마우지

학 명 : *Phalacrocorax capillatus*
영 명 : Japanese Cormorant

몸 전체가 검은색이다. 눈 주위는 노란색이고, 목은 흰색이다. 발은 엷은 푸른색이며, 부화 직후의 새끼는 '민물가마우지'와 비슷하다. 도서와 바닷가의 암초나 암벽에서 집단 번식을 하며, 때로는 '쇠가마우지'와 같이 혼성 번식을 하기도 한다. 암초나 바위 절벽의 층을 이룬 오목한 곳에 마른 풀이나 해초를 이용하여 접시 모양의 둥지를 만든다.

▲ 휴식 중인 무리　　　　▲ 바닷가에서 휴식하고 있다.

쇠가마우지

학 명 : *Phalacrocorax pelagicus*
영 명 : Pelagic Cormorant

머리는 검은색이고, 녹색 금속 광택이 있으며, 머리꼭대기와 뒷머리에 긴 댕기깃이 있다. 눈 가장자리, 부리 주위는 피부가 밖으로 드러나고, 갈색 바탕에 암적색의 얼룩무늬가 있다. 먼바다나 바닷가 근처 습지에 서식하며, 번식기에는 바닷가 절벽이나 무인도의 바위틈에 둥지를 틀며, 물고기를 잡기 위해 잠수한 뒤에는 바위 위에서 날개를 펴고 말린다.

사다새목/가마우지과

◆생활형 / 텃새
◆몸 길이 / 약 68cm
◆먹이 / 물고기
◆출현기 / 사계절
◆분포 / 한국, 일본, 러시아, 동남 아시아
※가마우지 종류 중 가장 작은 종이며, 인천 백령도 암벽에 많은 무리가 모여 번식하고, 제주도 일출봉의 남쪽 절벽에서도 번식한다.

▲ 습지에서 먹이를 찾고 있다.

두루미목/뜸부기과

- ◆생활형 / 나그네새
- ◆몸 길이 / 약 32cm
- ◆먹이 / 곤충류, 갑각류, 풀씨, 낟알
- ◆출현기 / 5월, 10월
- ◆분포 / 중국, 인도, 파키스탄
- ※ 땅 위를 걷는 속도는 빠르며, 꼬리를 위로 세우고 달린다. 가끔 꼬리깃을 까딱까딱 흔든다. 배가 흰색이기 때문에 쉽게 구별된다.

흰배뜸부기

학 명 : *Amaururnis phoenicurus*
영 명 : White-breasted Waterhen

머리 위, 목 뒤, 등은 검은색이며, 앞가슴과 배는 흰색이다. 꼬리는 검은색이고, 꼬리 밑은 붉다. 다리와 발가락은 길고 노란색이다. 단독 생활을 많이 하는데, 잠복성이 강하여 좀처럼 눈에 띄지 않는다. 때로는 헤엄을 치며 먹이를 찾는다. 날개를 퍼덕거려 나는데 느린 편이며, 다리를 밑으로 늘어뜨리고 직선 비상하는 모습은 '물닭'과 비슷하다. 습지에서 드물게 볼 수 있다.

▲ 먹이를 찾고 있다.

◀ 얼굴과 가슴은 붉은빛을 띤다.

쇠뜸부기사촌

학 명 : *Porzana fusca*
영 명 : Ruddy-breasted Crake

몸 전체는 갈색이며, 부리는 검은색, 다리는 붉은 색을 띤다. 얼굴과 가슴 부분이 붉은빛을 띠는 것이 특징이다. 무리를 이루지 않고 단독으로 또는 한 쌍을 이루어 생활한다. 수컷은 주로 이른 아침에 독특한 소리를 내며 운다. 둥지는 논이나 습지의 풀숲 또는 벼의 밑동에 틀지만, 때로는 물가에서 떨어진 곳에 틀기도 한다. 논 근처에서 자주 볼 수 있다.

두루미목/뜸부기과

- ◆생활형 / 여름 철새
- ◆몸 길이 / 약 23cm
- ◆먹이 / 수서 곤충류, 벼과 식물이나 잡초의 씨
- ◆출현기 / 5~9월
- ◆분포 / 한국, 일본, 중국, 동남 아시아
- ※뜸부기 종류 중에서 몸집이 가장 작으며, 최근에는 경기도 안산 시화호 부근에서 매우 드물게 볼 수 있다.

▲ 알   ▲ 먹이를 찾고 있다.

두루미목/뜸부기과

- ◆생활형 / 여름 철새
- ◆몸 길이 / 수컷 약 38cm, 암컷 약 33cm
- ◆먹이 / 연체 동물, 곤충류, 식물의 열매
- ◆출현기 / 5~9월
- ◆분포 / 한국, 중국, 동남 아시아
- ※천연기념물 제446호, 멸종위기야생동식물 Ⅱ급

뜸부기

학 명 : *Gallicrex cinerea*
영 명 : Watercock

몸 전체는 황갈색을 띠고 있다. 머리 윗부분은 검은색, 부리는 노란색이며, 안쪽에 붉은 뿔이 있다. 등 뒤에서 꼬리 쪽으로 검은색 점들이 있다. 다리는 길고, 붉은빛을 띤다. 호수, 하천 등지의 갈대나 왕골 등이 무성한 곳이나 논에서 살며, 갈대나 벼포기 등의 풀을 수면으로부터 약 30cm 높이로 쌓아 둥지를 만든다. 과거에는 개체 수가 많았으나 오늘날은 매우 귀한 종이다.

▲ 알과 새끼새　　　　▲ 호숫가의 창포 사이에서 알을 품은 어미새

쇠물닭

학 명 : *Gallinula chloropus*
영 명 : Common Moorhen

몸 전체는 검은색이고, 부리는 빨간색이며, 부리 끝에는 노란색, 꼬리에는 흰색 부분이 있다. 어린 새는 황갈색을 띤다. 발가락에 물갈퀴는 없지만 몸을 앞뒤로 흔들면서 헤엄치고 잠수는 하지 않는다. 하구, 하천, 호소, 소택지, 저수지, 논 등지에 서식하며, 강가의 부들 사이에 둥지를 튼다. 둥지는 수심이 얕은 곳이나 습지 위에 풀잎이나 가지 등을 쌓아 만든다.

두루미목/뜸부기과

◆생활형 / 여름 철새
◆몸 길이 / 약 33cm
◆먹이 / 작은 수서 동물, 식물
◆출현기 / 5~9월
◆분포 / 한국, 일본, 중국, 동남 아시아
※전국의 습지에서 많이 볼 수 있다. 갈대밭보다 부들밭에 많이 번식한다.

▲▲ 강가에서 먹이를 노리고 있다.　▲ 휴식 중인 무리　▲ 알

두루미목/뜸부기과

- ◆생활형 / 텃새
- ◆몸 길이 / 약 41cm
- ◆먹이 / 작은 물고기, 조개류, 곤충류, 새알, 식물의 잎
- ◆출현기 / 사계절
- ◆분포 / 한국, 일본, 중국, 동남 아시아
- ※나그네새였으나 1985년 이후에는 텃새로 흔히 볼 수 있다.

물닭

학 명 : *Fulica atra*
영 명 : Common Coot

몸 전체는 검은색이고, 부리와 콧등은 흰색이며, 눈은 빨간색을 띤다. 물갈퀴는 특이하게 배의 노와 같이 생겼다. 내륙의 물, 저수지, 연못, 호수, 늪 등 민물에서 오리 무리와 섞여 지낸다. 둥지는 수초를 쌓아 '쇠물닭'보다 크게 만든다. 우리 나라에서는 흔한 새이며, 적은 수가 국지적으로 번식하기도 한다.

▲ 눈 뒤에 흰색의 귀깃이 있다.

쇠재두루미

학 명 : *Anthropoides virgo*
영 명 : Demoiselle Crane

몸매가 매우 날씬하고 꼬리가 길다. 등은 회색이고, 턱 아래부터 가슴과 배는 검은색 깃털이 길게 나 있어 쉽게 구별할 수 있다. 도로나 습지 주변, 사막 지대의 초원이 있는 곳에서 볼 수 있다. 번식기에는 숲 주변의 초지, 초원, 습지 주변에 둥지를 튼다. 겨울에 다른 종류의 두루미 무리에 섞여 간혹 1마리가 날아온 기록이 있다.

두루미목/두루미과

- ◆생활형 / 미조
- ◆몸 길이 / 약 95cm
- ◆먹이 / 메뚜기, 곡류
- ◆출현기 / 12월, 1~2월
- ◆분포 / 몽골

※몽골 평지 사막에서는 가장 많은 우점종이나 우리 나라에는 두루미 무리에 섞여 간혹 찾아오는 귀한 새이다.

▲ 초원에서 먹이를 찾고 있다.

두루미목/두루미과

- 생활형 / 미조
- 몸 길이 / 95~100cm
- 먹이 / 쥐, 물고기, 개구리, 지렁이, 메뚜기, 갑충, 파리, 곡류, 풀뿌리
- 출현기 / 12월, 1~2월
- 분포 / 한국, 몽골, 러시아

※ 몽골에서는 호숫가 주변에서 쉽게 볼 수 있다. 천연기념물 제451호, 멸종위기 야생동식물 Ⅱ급

검은목두루미

학 명 : *Grus grus*
영 명 : Common Crane

몸 전체는 푸른빛이 도는 잿빛이며, 머리꼭대기는 붉은색, 머리와 목은 검은색이다. 눈 뒤에서 목 뒤까지 흰색 줄이 이어져 목 뒤에서 V자형 무늬를 이룬다. 부리는 잿빛이 도는 녹색이고, 다리는 검은색이다. 주로 호숫가 습지 풀밭에 서식한다. 번식기에는 숲 주변의 초지, 초원, 습지 주변에 둥지를 튼다. 겨울에 '재두루미' 무리에 섞여 몇 년에 한 번씩 불규칙하게 찾아온다.

▲ 목 윗부분에 날카롭게 올라온 잿빛 깃털이 있다.

재두루미

학 명 : *Grus vipio*
영 명 : White-naped Crane

눈 주변은 붉은색이고, 목은 흰색이며, 나머지 부분은 잿빛이다. 잿빛 깃털은 몸통에서 목 윗부분까지 날카롭게 올라와 있다. 번식기에는 숲 주변의 초지, 초원, 습지 주변에 둥지를 튼다. 겨울에 한강 하구, 강원도 철원 등에 규칙적으로 찾아오며, 휴전선 근처에서 많이 볼 수 있다. 세계적으로 개체 수가 차츰 줄어들고 있는 추세이다.

두루미목/두루미과

- ◆생활형 / 겨울 철새
- ◆몸 길이 / 약 119cm
- ◆먹이 / 미꾸라지, 풀씨, 벼
- ◆출현기 / 11~12월, 1~3월
- ◆분포 / 한국, 일본, 중국, 러시아

※두루미 종류 중 우리 나라에 가장 먼저 찾아온다. 천연기념물 제203호, 멸종위기야생동식물 Ⅱ급

▲▲ 논에서 먹이를 찾고 있다. ▲ 월동 중인 무리

▲ 월동 중인 무리

◀ 비상하는 무리

흑두루미

학 명 : *Grus monacha*
영 명 : Hooded Crane

몸 전체는 짙은 회색을 띠며, 머리와 목은 흰색이고, 눈 주위에 붉은색 부분이 있다. 어린새의 머리는 갈색을 띤다. 무리지어 논밭, 습지 등에서 먹이를 찾는다. 밤에는 안전한 장소를 찾아 지상에서 잠을 잔다. 봄과 가을에 일본에서 월동하는 집단이 우리 나라를 중간 기착지로 하고 있어, 이 시기에는 4000여 마리가 관찰된다. 남해안의 순천만에서 매년 200여 마리가 겨울을 지낸다.

두루미목/두루미과

- ◆생활형 / 겨울 철새
- ◆몸 길이 / 약 100cm
- ◆먹이 / 작은 물고기, 우렁이, 개구리, 곡류, 식물의 줄기, 잎, 뿌리
- ◆출현기 / 10~12월, 1~3월
- ◆분포 / 한국, 일본, 중국, 몽골, 러시아
- ※천연기념물 제228호, 멸종위기야생동식물 Ⅱ급

▲ 월동 중인 한 쌍　　　　　　　　　▲ 어린새

두루미목/두루미과

두루미

학 명 : *Grus japonensis*
영 명 : Red-crowned Crane

- ◆생활형 / 겨울 철새
- ◆몸 길이 / 136~140cm
- ◆먹이 / 작은 양서류, 무척추동물, 곤충류, 식물성 먹이
- ◆출현기 / 11~12월, 1~3월
- ◆분포 / 한국, 일본, 중국, 러시아
- ※겨울 동안은 곡류만 먹는다. 천연기념물 제202호, 멸종위기야생동식물 I급

몸 전체는 흰색이고, 머리꼭대기에 붉은 점이 있으며, 목과 꼬리는 검은색이다. 비행시 목과 옆구리 날개는 검은색이다. 어린새의 머리와 목은 황갈색을 띤다. 갈대나 왕골 등이 무성한 습지의 풀밭 등에서 암수가 함께 살거나 단독으로 생활하지만, 무리지어 날아갈 때에는 V자형으로 줄지어 간다. 한국 전쟁 이후 희귀해졌으며, 매년 추운 겨울에 강원도 철원에 찾아온다.

물새 307

▲ 이동 중 길을 잃어 논에서 휴식하고 있다.

세가락메추라기

학 명 : *Turnix tanki*
영 명 : Yellow-legged Buttonquail

'메추라기'와 비슷하나 몸의 크기가 더 작으며, 부리도 약간 길다. 앞가슴이 주황빛을 띠고, 옆구리에 검은색 반점이 있는 것이 특징이다. 부리와 다리는 노란색이다. 주로 논밭 주변이나 풀이 나 있는 습지 등지에서 작은 무리를 이루어 서식한다. 암컷이 수컷보다 크고 성질이 적극적이다. 번식기에는 암컷이 수컷을 불러들이며, 수컷이 알을 품는다.

두루미목/메추라기과

- ◆생활형 / 미조
- ◆몸 길이 / 약 16cm
- ◆먹이 / 곤충류, 거미류, 벼과 식물의 작은 씨
- ◆출현기 / 10월
- ◆분포 / 중국, 몽골, 러시아, 동남 아시아
- ※우리 나라에서는 가을에 서울 주변 추수가 끝난 논에서 처음 발견되었다.

▲ 알　　▲ 갯벌에서 먹이를 찾고 있다.

물떼새목/검은머리물떼새과

검은머리물떼새

학 명 : *Haematopus ostralegus*
영 명 : Eurasian Oyster Catcher

- ◆생활형 / 텃새
- ◆몸 길이 / 약 45cm
- ◆먹이 / 조개류, 연체 동물
- ◆출현기 / 사계절
- ◆분포 / 한국, 일본, 러시아
- ※동해안에는 극히 드문 새이나, 서해안의 안산 주변과 강화도 갯벌에서는 흔히 볼 수 있고 번식도 한다. 천연기념물 제326호, 멸종위기야생동식물 Ⅱ급

머리와 몸의 윗면은 검은색, 아랫면은 흰색을 띠어서 바다에 사는 '까치'같이 보인다. 특히 긴 부리가 붉은색이어서 쉽게 구별되며, 눈과 다리도 붉은색을 띤다. 바닷가의 암초, 모래밭, 하천 어귀의 삼각주 등에 4~5마리의 작은 무리로 생활한다. 번식기에는 바닷가 주변의 경사진 자갈밭에 둥지를 틀며, 알과 새끼가 보호색을 띠어 찾기 어렵다. 서해안의 무인도에서 많이 번식한다.

▲▲ 습지에서 먹이를 찾고 있다.　▲ 비상 중　▲ 둥지의 새끼새

장다리물떼새

학 명 : *Himantopus himantopus*
영 명 : Black-winged Stilt

등과 날개는 녹색을 띤 검은색이며, 목과 가슴, 배는 흰색이다. 날개는 가늘고 길며 끝은 뾰족하다. 부리는 가늘고 길며, 다리는 붉은색이고 매우 길다. 날 때에는 다리가 꼬리깃보다 훨씬 뒤로 뻗어 나온다. 논이나 밭에 물이 얕게 괸 곳에서 먹이를 찾으며, 간척지나 습지 등의 지상에 둥지를 튼다. 적이 다가오면 공중에서 급강하하여 위협하거나 날개를 펴서 의태 행동을 한다.

물떼새목/장다리물떼새과

◆생활형 / 여름 철새
◆몸 길이 / 약 31cm
◆먹이 / 수서 곤충류, 작은 물고기
◆출현기 / 5~9월
◆분포 / 한국, 일본, 중국, 몽골, 러시아
※나그네새로 알려져 있었지만 최근에는 충남 서산 천수만, 경기도 안산 시화호에서 적은 수가 번식한다.

▲ 바닷가에서 먹이를 찾고 있다.

▶ 쉬고 있다.

물떼새목/장다리물떼새과

◆ 생활형 / 겨울 철새
◆ 몸 길이 / 약 43cm
◆ 먹이 / 수서 곤충류, 지렁이, 연체 동물
◆ 출현기 / 11~12월, 1~2월
◆ 분포 / 한국, 일본, 중국, 러시아, 유럽

※ 겨울에 바닷가의 작은 호수에 매우 드물게 찾아오는데, 제주도 하도리 양어장에는 매년 찾아온다.

뒷부리장다리물떼새

학 명 : *Recurvirostra avosetta*
영 명 : Pied Avocet

몸은 흰색이며, 윗머리에서 뒷덜미, 어깨깃, 날개의 일부는 검은색이다. 부리는 가늘고 길며, 위로 휘어지고 끝이 매우 뾰족하다. 다리는 청회색으로 길며, 발가락 사이의 물갈퀴는 깊이 패어 있다. 몸은 거의 물에 잠기지 않고도 헤엄을 친다. 논, 습지, 하천, 풀밭 등의 넓은 곳이나 얕은 물에서 살며, 겨울철에는 작은 무리를 이룬다. 습지 주변의 초지에 둥지를 튼다.

▲▲ 머리에 긴 댕기깃이 있다. ▲ 월동 중인 한 쌍

댕기물떼새

학 명 : *Vanellus vanellus*
영 명 : Northern Lapwing

머리에 5~7cm 길이의 긴 댕기깃이 있다. 머리, 가슴, 날개, 등은 녹색을 띤 검은색이다. 배는 흰색이고 다리는 갈색이다. 비행시 몸 전체가 흰색을 띠며, 목, 날개 끝, 꼬리 끝만 검은색이다. 논, 습지, 하천, 풀밭, 강 하구 등지의 넓은 곳에서 살며, 겨울철에는 무리를 지어 생활한다. 둥지는 풀밭 등지의 땅 위에 접시 모양으로 만든다.

물떼새목/물떼새과

- ◆생활형 / 겨울 철새
- ◆몸 길이 / 약 32cm
- ◆먹이 / 조개류, 지렁이, 곤충류, 식물의 씨
- ◆출현기 / 10~12월, 1~2월
- ◆분포 / 한국, 일본, 몽골, 러시아
- ※우리 나라에는 금강 하구 논에 수백 마리가 찾아와 월동한다.

▲ 이동 중 외딴 섬에서 휴식하고 있다.

물떼새목/물떼새과

- ◆생활형 / 나그네새
- ◆몸 길이 / 약 36cm
- ◆먹이 / 파충류, 물고기, 지렁이 등의 환형 동물, 곤충류
- ◆출현기 / 5월, 10월
- ◆분포 / 한국, 일본, 중국, 몽골, 러시아, 동남 아시아
- ※매년 5월 초에 남부 지방의 외딴 섬에 적은 수가 찾아온다.

민댕기물떼새

학 명 : *Vanellus cinereus*
영 명 : Grey-headed Lapwing

머리와 목은 엷은 회색이고, 등 쪽은 엷은 갈색에 약간의 청동색을 띤다. 배와 꼬리, 날개 안쪽은 흰색이며, 가슴의 가로선과 꼬리 끝은 검은색이다. 부리와 다리는 노란색을 띠고, 부리 끝은 검은색이다. 번식기에는 암수가 세력권을 형성하지만, 비번식기에는 20~50마리가 무리지어 생활한다. 주로 풀숲, 하천 부지, 자갈밭, 모래밭 등 이끼가 낀 곳에 둥지를 튼다.

▲ 겨울깃

검은가슴물떼새

학 명 : *Pluvilis fulva*
영 명 : Pacific Golden Plover

암수 모두의 여름깃은 '개꿩'과 비슷하며, 등 쪽은 검은 갈색에 황금색과 회백색의 무늬가 있는 것이 다르다. 번식기에는 부리 밑에서 배까지 검은색을 띠며, 겨울이 되면 황갈색으로 변한다. 논, 바닷가의 간석지, 강어귀의 삼각주 등지에 서식한다. 둥지는 툰드라의 땅 위에 접시 모양으로 만들고 밑에는 이끼류를 깐다. '개꿩'과 같이 대규모 집단을 이루지 않고 작은 무리를 지어 이동한다.

물떼새목/물떼새과

- ◆생활형 / 나그네새
- ◆몸 길이 / 약 24cm
- ◆먹이 / 연체 동물, 지렁이, 거미류
- ◆출현기 / 5월, 10월
- ◆분포 / 한국, 일본, 중국, 몽골, 러시아
- ※부산 을숙도, 충남 유부도, 금강 하구의 넓은 갯벌에서 볼 수 있다.

▲▲ 겨울깃 ▲ 바닷가에서 월동 중인 무리

물떼새목/물떼새과

- ◆생활형 / 겨울 철새
- ◆몸 길이 / 약 29cm
- ◆먹이 / 연체 동물, 지렁이
- ◆출현기 / 5월, 10~12월, 1~2월
- ◆분포 / 한국, 일본, 중국, 러시아, 북아메리카
- ※부산 을숙도, 충남 유부도, 금강 하구의 넓은 갯벌에서 수백 마리가 월동한다.

개꿩

학 명 : *Pluvialis squatarola*
영 명 : Grey Plover

암수 모두의 여름깃은 등 쪽이 검은색이며, 아랫등과 허리는 어두운 갈색에 하얀 점무늬가 있다. 번식기에는 부리 밑에서 배까지 검은색을 띠며, 겨울이 되면 검은색을 띠는 '검은가슴물떼새'와는 달리 회색을 띤다. 바닷가의 간석지, 하천 어귀의 삼각주, 바닷가 가까운 밭 등에서 4~5마리부터 50~120마리씩 무리지어 생활한다. 둥지는 바닷가와 숲 사이에 튼다.

▲ 둥지 부근에서 휴식하고 있다.　　▲ 알

흰목물떼새

학 명 : *Charadrius placidus*
영 명 : Long-billed Plover

'꼬마물떼새'와 비슷하지만 눈테의 노란색이 덜 선명하다. 몸은 전체적으로 옅은 고동색이며, 목의 검은색 줄은 '꼬마물떼새'에 비해 가늘다. 하천과 냇가의 자갈밭, 논과 산지의 물가, 강어귀의 삼각주, 바닷가의 모래밭 등에서 무리를 지어 산다. 강가의 자갈밭 또는 모래밭의 오목한 곳에 둥지를 튼다. 강원도의 큰 강이나 낙동강 내륙 지방의 자갈밭에서 볼 수 있다.

물떼새목/물떼새과

- ◆생활형 / 텃새
- ◆몸 길이 / 약 21cm
- ◆먹이 / 곤충류
- ◆출현기 / 사계절
- ◆분포 / 한국, 일본, 중국, 러시아
- ※번식이 끝나면 경북 경주 부근 강가의 자갈밭에서 겨울을 보낸다. 멸종위기야생동식물 Ⅱ급

▲▲ 호숫가에서 먹이를 찾고 있다.　▲ 알　▲ 갓 부화한 새끼새

물떼새목/물떼새과

- ◆생활형 / 여름 철새
- ◆몸 길이 / 약 16cm
- ◆먹이 / 곤충류
- ◆출현기 / 4~10월
- ◆분포 / 한국, 일본, 중국, 몽골, 러시아, 동남 아시아
- ※일명 '낄룩새' 라고도 한다.

꼬마물떼새

학 명 : *Charadrius dubius*
영 명 : Little Ringed Plover

몸집은 물떼새 종류 중 가장 작다. 머리 위, 등, 날개는 짙은 갈색을 띠며, 노란색의 눈테가 특징이다. 턱과 배는 흰색이며, 가슴에 검은색 줄이 있다. 주로 호숫가, 개울가, 바닷가, 논 등에서 생활하며, 습지 주변의 자갈밭 혹은 모래밭에서 번식한다. 우리 나라 전역에서 흔히 볼 수 있다.

▲▲ 둥지 부근에서 경계하고 있다. ▲ 수컷 여름깃

▲ 새끼새

흰물떼새

학 명 : *Charadrius alexandrinus*
영 명 : Kentish Plover

수컷 여름깃의 이마는 흰색이며, 머리꼭대기와의 경계에는 검은색 띠가 있다. 뺨, 턱 밑, 목은 흰색이며, 목에 있는 흰색의 굵은 띠와 연결된다. 암컷의 여름깃은 수컷 이마에 있는 검은색 띠가 없다. 암수 모두의 겨울깃은 암컷의 여름깃과 비슷하다. 바닷가 모래밭, 강어귀의 삼각주, 하천 부지와 염전, 간척지, 때로는 산지의 물이 괸 곳에서도 눈에 띈다. 번식기에는 바닷가 모래밭이나 호수 주변의 초지에 알을 낳는다.

물떼새목/물떼새과

◆생활형/여름 철새
◆몸 길이/약 17cm
◆먹이/곤충류
◆출현기/4~9월
◆분포/한국, 일본, 중국, 러시아, 동남 아시아
※나그네새로 알려졌으나 2000년 이후에는 경기도 안산 시화호, 낙동강 하구 등지에서 많은 무리가 번식한다.

▲▲ 여름깃　▲ 겨울깃

물떼새목/물떼새과

- ◆생활형 / 나그네새
- ◆몸 길이 / 약 19.5cm
- ◆먹이 / 동물성 먹이
- ◆출현기 / 봄, 가을
- ◆분포 / 한국, 일본, 중국, 러시아, 동남 아시아

※8월 중순경에 많은 무리가 부산 을숙도에서 '좀도요', '민물도요' 무리와 함께 이동한다.

왕눈물떼새

학 명 : *Charadrius mongolus*
영 명 : Lesser Sand Plover

여름깃은 머리꼭대기와 등이 회갈색이고, 가슴에 검은색의 가는 띠가 있으며, 턱 밑과 배는 흰색이다. 눈 주위는 검은색이고, 머리에서 가슴까지는 적갈색을 띠는데, 겨울이 되면 회갈색으로 변한다. 바닷가나 하구의 간석지, 바닷가 근처의 습지 등에서 무리지어 산다. 번식기에는 땅 위에 둥지를 튼다.

▲ 이동 중 길을 잃어 찾아온다.

흰눈썹물떼새

학 명 : *Charadrius morinellus*
영 명 : Eurasian Dotterel

머리는 어두운 고동색을 띠고, 진한 흰 눈썹이 있는 것이 특징이다. 배는 전체적으로 어두운 갈색을 띠며, 다른 물떼새 종류에 비해 배의 흰색 줄이 좁다. 번식기에는 산간 지역의 경사진 곳에 둥지를 트는데, 암컷은 알만 낳고 수컷이 알을 품으며 부화한 새끼를 키운다. 겨울에는 바닷가나 습지 주변에 서식한다. 최근에 충남 서산 호숫가에서 1마리가 발견되었다.

물떼새목/물떼새과

◆생활형 / 미조
◆몸 길이 / 약 21cm
◆먹이 / 동물성 먹이
◆출현기 / 5월, 10월
◆분포 / 아시아, 러시아, 유럽
※ 과거에는 우리 나라에 찾아오지 않았으나 지구 온난화로 인한 기온 상승과 이동 중 길을 잃어 찾아온다.

▲ 호수 주변에서 경계하고 있다.

물떼새목/호사도요과

- ◆생활형 / 여름 철새
- ◆몸 길이 / 약 24cm
- ◆먹이 / 수서 곤충류, 달팽이, 지렁이
- ◆출현기 / 5~9월
- ◆분포 / 중국, 동남 아시아, 인도, 마다가스카르

※과거에는 미조로 알려졌으나 최근 충남 서산과 경기도 안산에서 번식한 예가 있다. 천연기념물 제449호

호사도요

학 명 : *Rostratula benghalensis*
영 명 : Greater Painted Snipe

도요 종류 중에서 유일하게 깃털 색깔이 다양하고 아름답다. 암컷과 어린새의 깃털은 낙엽과 같은 보호색을 띠며, 수컷에 비해 선명하다. 눈 주위는 흰색을 띤다. 주로 강가, 호숫가의 갈대밭이나 습지에서 살며, 번식기에는 수컷의 울음소리로 확인할 수 있다. 주변에 천적이 접근하면 '꺽도요' 같이 움직이지 않는다. 주로 초지의 땅바닥에 둥지를 튼다.

▲ 날개를 펴서 과시하는 수컷 여름깃

물꿩(자카나)

학 명 : *Hydrophasianus chirurgus*
영 명 : Pheasant-tailed Jacana

몸의 크기가 물꿩 종류 중 큰 편에 속한다. 여름깃의 머리와 목 부분은 흰색이지만, 목 뒤에는 노란색 부분이 두드러진다. 흰색의 날개 부분을 제외한 몸 전체는 검은색이며, 두 가닥의 긴 꼬리가 특징이다. 겨울깃은 낙엽 색깔처럼 흐린 색을 띤다. 습지에 서식하며, 수면 위에 둥지를 튼다. 최근에 발견된 아열대성 조류로, 제주도와 경남 창원 주남 저수지에서 번식하는 것이 관찰되었다.

물떼새목/물꿩과(자카나과)

- ◆생활형 / 여름 철새
- ◆몸 길이 / 약 33cm
- ◆먹이 / 곤충류, 무척추동물
- ◆출현기 / 5~6월
- ◆분포 / 한국, 일본, 동남 아시아, 인도

※ 원래 동남 아시아 열대 지방의 호숫가에서 살았으나 최근 지구 온난화로 인한 기온 상승으로 우리 나라에 찾아온 것으로 보인다.

▲▲ 먹이를 찾는 어린새 겨울깃
▲ 알을 품은 어미새 여름깃
◀ 알

▲ 이동 중 논에서 먹이를 찾고 있다.

꺅도요

학 명 : *Gallinago gallinago*
영 명 : Common Snipe

물떼새목/도요과

- ◆생활형/나그네새
- ◆몸 길이/약 26cm
- ◆먹이/곤충류, 무척추동물, 지렁이
- ◆출현기/5월, 10월
- ◆분포/한국, 일본, 중국, 몽골, 러시아, 동남 아시아

※주변에 사람이나 천적이 나타나면 이들이 다 갈 때까지 꼼짝도 하지 않고 숨어 있는다.

이마에서 머리꼭대기와 뒷머리까지 짙고 검은 갈색 줄이 2개 있는데, 그 사이에 엷은 황갈색 또는 크림색의 머리 중앙선이 있다. 등은 구릿빛 금속 광택이 나는 검은 갈색으로, 붉은 갈색의 작은 얼룩무늬가 있고, 바깥쪽에는 엷은 황갈색의 얼룩무늬로 된 세로줄이 있다. 논, 간척지, 바닷가 갯벌 등지에서 먹이를 찾으며, 갈대가 많은 습지나 초지에서 번식한다.

▲ 둥지 부근에서 경계하고 있다.

물떼새목/도요과

흑꼬리도요

◆생활형 / 나그네새
◆몸 길이 / 약 39cm
◆먹이 / 곤충류, 거미류, 달팽이, 올챙이, 지렁이, 곡류
◆출현기 / 5월, 10월
◆분포 / 한국, 일본, 중국, 몽골, 동남 아시아, 오스트레일리아
※봄에 수백 마리가 몰려와 마구 볍씨를 쪼아 먹어 농부들의 미움을 사고 있다.

학 명 : *Limosa limosa*
영 명 : Black-tailed Godwit

머리와 날개, 등은 번식기에는 갈색을 띠며, 비번식기에는 회색빛을 띤다. 배는 지저분한 흰색이고 꼬리 끝은 검은색이다. 부리는 붉은빛을 띠며, 머리 길이의 약 2.5배로 곧게 뻗어 있다. 다리는 검은색이다. 봄에는 논에서 볼 수 있지만 가을에는 갯벌에서 볼 수 있다. 번식기에는 습지 주변에 둥지를 튼다. 20~30마리 또는 200~300마리씩 무리지어 이동한다.

▲▲ 겨울깃 ▲ 이동 중 외딴 섬에서 먹이를 찾고 있다.

큰뒷부리도요

학 명 : *Limosa lapponica*
영 명 : Bar-tailed Godwit

부리가 위로 약간 올라가고 넓적한 것이 특징이며, 머리 길이의 약 1.5배가 된다. 여름깃은 머리, 가슴, 배가 붉은 갈색이고 등은 검은색을 띤다. 겨울깃은 머리, 가슴, 배가 잿빛을 띤 흰색이고 등은 갈색 무늬가 많다. 간척지, 습지, 염전, 논 등 물가에서 볼 수 있다. 봄가을에 2~3마리에서 수백 마리의 큰 무리가 '흑꼬리도요', '개꿩', '검은가슴물떼새'에 섞여 이동한다.

물떼새목/도요과

- 생활형 / 나그네새
- 몸 길이 / 약 41cm
- 먹이 / 곤충류, 갑각류, 새우류, 복족류, 환형 동물의 다모류
- 출현기 / 5월, 10월
- 분포 / 한국, 일본, 중국, 몽골, 러시아, 동남 아시아, 오스트레일리아
- ※ 동해안보다 서해안 갯벌에서 많이 볼 수 있다.

▲ 이동 중 길을 잃어 찾아온다.

물떼새목/도요과

- ◆생활형/미조
- ◆몸 길이/약 33cm
- ◆먹이/곤충류
- ◆출현기/5월, 10월
- ◆분포/중국, 몽골, 오스트레일리아, 뉴질랜드
- ※5월 초에 전남 흑산도나 소흑산도 등 외딴 섬 민물 습지 등에서 매우 드물게 볼 수 있다.

쇠부리도요

학 명 : *Numenius minutus*
영 명 : Little Curlew

부리는 머리 길이의 약 1.3배로 짧아서 다른 도요 종류와 쉽게 구별할 수 있다. 여름깃의 이마, 머리꼭대기, 뒷머리는 짙은 갈색이고, 가슴, 배, 옆구리는 연한 갈색이다. 윗가슴에는 갈색 가로띠가 있다. 눈썹선은 연한 황갈색이다. 겨울깃의 등, 어깨깃, 날개는 여름깃보다 색이 옅다. 바닷가 갯벌과 하구, 내륙의 물가에 서식하며, '흑꼬리도요'에 섞여 무리를 짓기도 한다.

▲▲ 이동 중 갯벌에서 먹이를 찾고 있다. ▲ 휴식하는 무리

중부리도요

학 명 : *Numenius phaeopus*
영 명 : Whimbrel

이마에서 뒷머리까지는 흑갈색이고, 머리꼭대기 중앙에 작은 흰색 얼룩무늬로 된 선이 있다. 눈 위에는 흰색 바탕에 흑갈색의 작은 얼룩무늬가 있는 눈썹선이 있다. 부리는 머리 길이의 약 2배로, 아래로 구부러져 있다. 해만, 바닷가 및 하구의 갯벌, 염전, 농경지, 초습지, 내륙의 건조한 밭에서 볼 수 있다. 홀로 또는 수십 마리가 무리를 지어 살거나 다른 도요 무리에 섞이기도 한다.

물떼새목/도요과

- ◆생활형/나그네새
- ◆몸 길이/약 48cm
- ◆먹이/곤충류, 게류, 조개류, 연체 동물
- ◆출현기/5월, 10월
- ◆분포/한국, 일본, 중국, 러시아, 동남 아시아, 뉴질랜드, 오스트레일리아
- ※봄가을에 100여 마리 정도의 무리를 서해안 갯벌에서 쉽게 볼 수 있다.

▲ 긴 부리로 갯벌의 진흙 속에 있는 먹이를 잡는다.

물떼새목/도요과

마도요

학 명 : *Numenius arguata*
영 명 : Eurasian Curlew

- ◆생활형 / 겨울 철새
- ◆몸 길이 / 약 60cm
- ◆먹이 / 곤충류, 게류, 조개류, 연체 동물
- ◆출현기 / 10~12월, 1~3월
- ◆분포 / 한국, 일본, 중국, 러시아, 동남 아시아
- ※서해안의 강화도나 금강 하구 갯벌 등에서 500여 마리가 월동한다.

도요 종류 중에서 가장 큰 '알락꼬리마도요'보다 약간 작다. 몸의 윗면은 엷은 황갈색이며, 암갈색 줄무늬가 있다. 배와 허리, 꼬리는 흰색을 띤다. 비행시 허리의 흰색 부분이 보이는 것이 특징이다. 부리는 머리 길이의 약 2.2배로, 아래로 구부러져 있다. 이 긴 부리로 갯벌의 진흙 속에 있는 먹이를 잡아먹는다. 번식기에는 툰드라 초지에 둥지를 튼다.

▲▲ 먹이를 찾고 있다.　▲ 바닷가에서 휴식 중인 무리

알락꼬리마도요

학 명 : *Numenius madagascariensis*
영 명 : Far Eastern Curlew

몸 전체가 황갈색이며, 암갈색과 검은색 줄무늬가 많다. 부리는 머리 길이의 약 2.2배로 길고, 아래로 휘어져 있다. 다리는 청회색이다. 번식기에는 주로 갈대가 많은 습지나 늪이 있는 호숫가에서 단독으로 둥지를 틀며, 겨울에는 바닷가의 모래밭이나 갯벌에서 큰 무리를 이루어 서식한다. 바닷가의 갯벌, 간척지, 삼각주, 염전, 때로는 농경지 등에 도래하여 월동한다.

물떼새목/도요과

◆ 생활형 / 나그네새
◆ 몸 길이 / 약 61cm
◆ 먹이 / 곤충류, 게류, 조개류, 연체 동물
◆ 출현기 / 5월, 10월
◆ 분포 / 한국, 일본, 중국, 러시아, 동남 아시아, 오스트레일리아
※ 도요 종류 중 가장 큰 종이다. 멸종위기야생동식물 Ⅱ급

▲▲ 겨울깃 ▲ 이동 중 물가에서 휴식하고 있다.

물떼새목/도요과

- ◆생활형 / 나그네새
- ◆몸 길이 / 약 30cm
- ◆먹이 / 작은 새, 곤충류, 개구리, 올챙이, 새우
- ◆출현기 / 5월, 10월
- ◆분포 / 한국, 일본, 중국, 몽골, 러시아, 동남 아시아, 인도, 유럽
- ※이동 시기인 봄가을에 논이나 민물 습지 등에 찾아오는 민물성 도요이다.

학도요

학 명 : *Tringa erythropus*
영 명 : Spotted Redshank

여름깃은 몸 전체가 검은색을 띠고 회색 무늬가 있다. 겨울깃의 머리와 등은 회색이고 배는 흰색이다. 눈에는 흰색 줄이 있고, 부리와 긴 다리는 붉은빛을 띤다. 부리는 머리 길이의 약 1.4배로, 곧게 뻗어 있다. 바닷가의 간석지나 얕은 물가, 하천 부지의 풀숲 등에 찾아온다. 땅에 부리를 대고 활발하게 걷는데, 헤엄치며 먹이를 찾기도 한다. 번식기에는 초지 주변에 둥지를 튼다.

▲ 겨울깃
◀ 여름깃

붉은발도요

학 명 : *Tringa totanus*
영 명 : Common Redshank

여름깃의 몸 윗면은 어두운 갈색이고 아랫면은 흰색이며, 전체적으로 검은 무늬가 있다. 겨울깃의 몸 윗면은 어두운 회갈색이고 아랫면은 흰색이다. 부리는 머리의 길이와 거의 같고, 곧게 뻗어 있다. 다리는 오렌지빛이다. 큰 무리를 이루지 않으며, 작은 무리가 다른 도요 종류에 섞여 간척지, 염전, 하구의 삼각주, 바닷가의 습지 등에 찾아온다. 번식기에는 습지 주변 초지에 둥지를 튼다.

물떼새목/도요과

◆ 생활형 / 나그네새
◆ 몸 길이 / 약 28cm
◆ 먹이 / 곤충류, 연체 동물
◆ 출현기 / 5월, 10월
◆ 분포 / 한국, 일본, 중국, 몽골, 러시아, 동남 아시아
※ 5월 초에 많이 찾아오는데, 바닷가보다는 민물에 가까운 곳에서 적은 수를 볼 수 있다.

▲ 가늘고 곧게 뻗은 부리와 긴 다리가 특징이다.

물떼새목/도요과

- ◆생활형 / 나그네새
- ◆몸 길이 / 약 23cm
- ◆먹이 / 곤충류, 작은 조개류, 연체 동물
- ◆출현기 / 5월, 10월
- ◆분포 / 한국, 일본, 중국, 러시아, 동남 아시아
- ※서해안 갯벌이나 바닷가 가까운 내륙 지방의 얕은 갯벌에서 드물게 볼 수 있다.

쇠청다리도요

학 명 : *Tringa stagnatilis*
영 명 : Marsh Sandpiper

'청다리도요'보다 몸집이 작고, 곧은 부리와 비교적 긴 다리가 있다. 머리와 등은 회색이며, 간혹 등에 검은색 점이 있다. 부리는 머리의 길이와 거의 같으며, 가늘고 곧게 뻗어 있다. 습지, 하구, 내륙과 바닷가 등의 물가에 서식한다. 단독 또는 4~5마리의 작은 무리가 내려앉는데, 얼핏 보면 '알락도요'처럼 보인다. 번식기에는 초지나 갯벌이 있는 곳에 둥지를 튼다.

▲ 이동 중 바닷가에서 먹이를 찾고 있다.

청다리도요

학 명 : *Tringa nebularia*
영 명 : Common Greenshank

몸 전체는 흰색이며, 머리와 등, 꼬리는 회색을 띤다. 부리는 검은색이고, 다리는 청회색을 띤다. 부리는 머리 길이의 약 1.4배로, 약간 위로 휘어져 있다. 바닷가의 간석지, 하구, 염전이나 내륙의 하천, 연못, 저수지 등의 물가나 풀숲에 2~3마리의 작은 무리에서 20~50마리, 드물게 70~80마리의 큰 무리를 지어 찾아온다. 번식기에는 숲 주변 초지에 둥지를 튼다.

물떼새목/도요과

- ◆생활형 / 나그네새
- ◆몸 길이 / 약 35cm
- ◆먹이 / 곤충류, 작은 물고기, 조개류, 올챙이
- ◆출현기 / 5월, 10월
- ◆분포 / 한국, 일본, 중국, 러시아, 동남 아시아, 오스트레일리아

※도요 종류 중에서는 찾아오는 개체 수가 많은 종이다. 울음소리가 요란하다.

▲ 꼬리 끝에 굵은 검은색 줄이 뚜렷하다.

물떼새목/도요과

- ◆생활형 / 나그네새
- ◆몸 길이 / 약 24cm
- ◆먹이 / 곤충류, 거미류, 지렁이, 복족류, 새우
- ◆출현기 / 5월, 10월
- ◆분포 / 한국, 일본, 중국, 러시아, 동남 아시아, 오스트레일리아
- ※울음소리가 특이하여 전문가들은 쉽게 찾을 수 있다.

삑삑도요

학 명 : *Tringa ochropus*
영 명 : Green Sandpiper

몸 윗면은 회갈색이며, 배와 허리, 꼬리는 흰색이다. 얼굴부터 가슴까지는 회갈색의 세로 얼룩무늬가 빽빽하다. '알락도요'와 비슷하나 날개 아랫면이 어둡고, 꼬리 끝의 검은색 줄이 굵고 뚜렷하다. 부리는 머리 길이의 약 1.2배로, 곧게 뻗어 있다. 바닷가보다는 내륙 지방의 하구, 개울가, 논 등에서 볼 수 있으며, 주로 단독 또는 2~3마리의 작은 무리를 지어 생활한다. 번식기에는 숲 주변 초지에 둥지를 튼다.

▲ 논에서 휴식하고 있다.

알락도요

학 명 : *Tringa glareola*
영 명 : Wood Sandpiper

몸 윗면은 회갈색이고, 흰색 반점이 많으며, 허리는 흰색이다. 몸 아랫면은 흰색이고, 가슴과 겨드랑이에 회갈색 반점이 있으며, 다리는 황록색이다. '삑삑도요'와 비슷하나, 흰색의 눈썹선이 뚜렷하고, 몸 윗면에 흰색 반점이 많다. 다리가 짧아 보인다. 부리는 머리의 길이와 비슷하며, 곧게 뻗어 있다. 논, 연못, 냇가의 얕은 물 속을 걸어다니며, 땅 위에 둥지를 튼다.

물떼새목/도요과

- ◆생활형 / 나그네새
- ◆몸 길이 / 약 22cm
- ◆먹이 / 곤충류
- ◆출현기 / 5월, 10월
- ◆분포 / 한국, 일본, 중국, 러시아, 동남 아시아, 오스트레일리아

※도요 종류 중 민물에서 가장 많이 발견되는 종이며, 등에 흰 점과 검은 점이 뚜렷하여 쉽게 구별된다.

▲ 이동 중 바닷가에서 휴식하고 있다.

물떼새목/도요과

- ◆생활형 / 나그네새
- ◆몸 길이 / 약 23cm
- ◆먹이 / 곤충류
- ◆출현기 / 5월, 10월
- ◆분포 / 한국, 일본, 중국, 러시아, 동남 아시아, 오스트레일리아
- ※ '민물도요'나 '좀도요' 무리에 섞여 다니며, 특이하게 부리가 위로 구부러져 있어 쉽게 구별된다.

뒷부리도요

학 명 : *Xenus cinereus*
영 명 : Terek Sandpiper

여름깃은 등 쪽이 회색이고, 각 깃에는 검은색 세로줄이 있다. 겨울깃은 등 쪽에는 검은색이 거의 없고 어두운 회색을 띤다. 부리는 가늘고 길며, 머리 길이의 약 1.5배로 위로 구부러져 있다. 다리는 노란색이고 짧은 편이다. 바닷가의 간석지, 염전, 논, 개천, 하구의 삼각주, 습지의 풀밭 등에서 2~3마리씩 작은 무리를 지어 생활한다. 번식기에는 툰드라 지대에 둥지를 튼다.

물새 339

▲ 알 ▲ 목과 꼬리를 흔들며 걷는다.

깝작도요

학 명 : *Actitis hypoleucos*
영 명 : Common Sandpiper

머리와 등은 담갈색을 띠며, 배와 꼬리의 아랫면은 흰색이다. 부리는 곧으며, 머리의 길이와 거의 비슷하다. 부리와 다리는 짙은 회색을 띤다. 각지의 강가나 호수, 바닷가에 서식하며, 1마리 또는 2~6마리의 작은 무리를 이룬다. 꼬리를 위아래로 흔드는 습성이 있다. 번식기에는 하천이나 저수지 주변에서 관찰되며, 내륙 지방의 물가 근처에서 드물게 번식한다.

물떼새목/도요과

- ◆생활형 / 텃새
- ◆몸 길이 / 약 20cm
- ◆먹이 / 곤충류
- ◆출현기 / 사계절
- ◆분포 / 한국, 일본, 중국, 몽골, 러시아, 동남 아시아
- ※남부 지방과 제주도에서 많은 개체가 겨울을 지낸다. 주요 민물 도랑이나 습지 등에서 많이 발견되는 종이다.

▲ 이동 중 바닷가에서 먹이를 찾고 있다.

물떼새목/도요과

- 생활형 / 나그네새
- 몸 길이 / 26cm
- 먹이 / 작은 물고기, 복족류, 곤충류
- 출현기 / 5월, 10월
- 분포 / 한국, 일본, 중국, 러시아, 동남 아시아, 오스트레일리아

※ 주로 바닷가에서 볼 수 있으며, 다리가 노랗기 때문에 쉽게 구별된다.

노랑발도요

학 명 : *Heteroscelus brevipes*
영 명 : Grey-tailed Tattler

머리와 등은 황갈색을 띠며, 가슴과 배는 흰색이다. 눈 위쪽으로 강한 흰색 줄이 있으며, 다리는 노란색이다. 부리는 머리의 길이와 비슷하고 검은색이다. 바닷가의 간사지, 암초, 개천 어귀의 삼각주, 논, 염전, 하천 근처 등지에 서식한다. 번식기에는 바위틈에 둥지를 틀고, 암수가 함께 새끼를 키운다. 다른 도요 종류와는 달리 동해안 및 남해안에서 쉽게 볼 수 있다.

물새 341

▲ 바닷가에서 휴식하고 있다(겨울깃).

◀ 먹이를 찾고 있다(겨울깃).

꼬까도요

학 명 : *Arenaria interpres*
영 명 : Ruddy Turnstone

수컷 여름깃의 이마는 흰색이고, 머리꼭대기와 뒷머리는 검은색이며, 세로로 흰색 무늬가 있다. 등은 붉은색에 검은 무늬가 있으며, 겨울에는 엷어진다. 암컷 여름깃의 머리꼭대기와 뒷머리는 검은색이며, 가장자리는 갈색이다. 부리는 머리의 길이보다 짧다. 강 하구의 모래밭이나 바닷가 자갈밭에서 작은 무리를 지어 먹이를 찾는다. 번식기에는 습지 주변 풀숲 사이에 둥지를 튼다.

물떼새목/도요과

◆생활형 / 나그네새
◆몸 길이 / 약 22cm
◆먹이 / 작은 물고기, 조개류, 갑각류, 연체 동물, 곤충류, 거미류, 벼과 식물의 열매
◆출현기 / 5월, 10월
◆분포 / 한국, 일본, 중국, 러시아, 동남 아시아, 오스트레일리아
※번식지는 북극권이며, 이동 시 제주도에서 볼 수 있다.

▲ 바닷가에서 휴식하고 있다(겨울깃).

◀ 먹이를 찾고 있다(겨울깃).

물떼새목/도요과

- ◆생활형 / 나그네새
- ◆몸 길이 / 약 31cm
- ◆먹이 / 조개류, 갑각류, 갯지렁이, 곤충류
- ◆출현기 / 5월, 10월
- ◆분포 / 한국, 일본, 중국, 러시아, 동남 아시아, 오스트레일리아
- ※다른 종류의 도요 무리에 섞여 있지 않고 일찍 동남 아시아로 이동한다.

붉은어깨도요

학 명 : *Calidris tenuirostris*
영 명 : Great Knot

여름깃의 등은 연한 황토색이고, 붉은 무늬가 있으며, 이마, 머리꼭대기는 흑갈색, 깃털의 가장자리는 흰색이다. 목, 턱 밑은 흰색 바탕에 검은색 무늬가 있다. 겨울깃은 몸 윗면이 잿빛이고, 앞목, 가슴, 옆구리에는 갈색 무늬가 있다. 부리는 검은색이고, 머리의 길이와 비슷하며, 곧게 뻗어 있다. 주로 무리지어 갯벌에서 먹이를 찾는다. 번식기에는 툰드라 지대의 습지에 둥지를 튼다.

물새 343

▲ 이동 중 바닷가에서 먹이를 찾고 있다.

붉은가슴도요

학 명 : *Calidris canutus*
영 명 : Red Knot

물떼새목/도요과

- ◆생활형 / 나그네새
- ◆몸 길이 / 약 24cm
- ◆먹이 / 거미류, 절지 동물, 조개류, 작은 게
- ◆출현기 / 5월, 10월
- ◆분포 / 한국, 일본, 중국, 러시아, 동남 아시아, 오스트레일리아
- ※이동시 강 하구나 바닷가에서 매우 드물게 볼 수 있다.

'붉은어깨도요'와 비슷하지만 전체적으로 통통하고, 부리는 머리의 길이보다 짧다. 날 때에는 허리에 흰색 바탕의 회갈색 줄무늬가 있어 어둡게 보인다. 여름에는 가슴이 검은색을 띤 갈색으로, 가슴에 황토색 깃털이 있어서 쉽게 구별된다. 번식기에는 습지 주변의 내륙에 이끼를 이용하여 둥지를 튼다. 바닷가의 많은 도요 무리에 1마리 정도가 섞여 있다.

▲ 이동 중 바닷가에서 먹이를 찾고 있다(겨울깃).

물떼새목/도요과

◆생활형 / 나그네새
◆몸 길이 / 약 20cm
◆먹이 / 작은 물고기, 조개류, 갑각류, 지렁이, 곤충류, 풀씨, 싹 또는 선류, 규조류
◆출현기 / 5월, 10월
◆분포 / 한국, 일본, 중국, 러시아, 동남 아시아, 오스트레일리아
※이동시 동해안과 부산 을숙도에서 볼 수 있다.

세가락도요

학 명 : *Calidris alba*
영 명 : Sanderling

여름깃의 머리, 가슴, 등은 적갈색을 띠고, 겨울깃의 머리와 등은 엷은 회색이며, 어깨와 날개 끝은 검은색이다. 눈 위에 적동색 눈썹선이 있다. 다리는 검은색이고, 발가락이 3개인 것이 특징이다. 몸 전체가 흰색으로 보인다. 부리는 검은색이며, 머리의 길이보다 약간 짧다. 땅에서는 활동적이며, 파도를 피해 가며 연안을 따라 먹이를 찾는다. 번식기에는 땅바닥에 둥지를 튼다.

▲ 바닷가에서 먹이를 찾고 있다(겨울깃).

좀도요

학 명 : *Calidris ruficollis*
영 명 : Red-necked Stint

봄이나 초가을에는 황토색 깃털이 드문드문 있는 것으로 구별한다. 부리와 다리는 검은색이다. 부리는 머리의 길이보다 짧으며, 끝이 아래로 구부러져 있다. 바닷가나 강어귀의 간석지, 삼각주, 바닷가에 가까운 논이나 밭에서 무리지어 다닌다. 땅 위를 종종걸음으로 걸으면서 작은 동물을 찾아다닌다. 번식기에는 습지 주변의 이끼를 이용하여 둥지를 튼다.

물떼새목/도요과

◆생활형 / 나그네새
◆몸 길이 / 약 15cm
◆먹이 / 작은 동물성 먹이, 식물성 먹이
◆출현기 / 5월, 10월
◆분포 / 한국, 일본, 중국, 러시아, 동남 아시아, 오스트레일리아
※다른 도요 종류보다 빠른 8월 초부터 찾아온다.

▲ 이동 중 외딴 섬에서 휴식하고 있다.

물떼새목/도요과

흰꼬리좀도요

학 명 : *Calidris temminckii*
영 명 : Temminck's Stint

◆ 생활형 / 나그네새
◆ 몸 길이 / 약 14cm
◆ 먹이 / 곤충류, 지렁이, 바닷가의 작은 무척추동물, 식물의 열매
◆ 출현기 / 5월, 10월
◆ 분포 / 한국, 일본, 중국, 러시아, 동남 아시아, 오스트레일리아
※ 전문가가 아니면 분류하기 매우 어려운 새이다.

여름깃의 머리, 이마, 뒷목, 등은 회갈색으로, 각 깃털의 끝 부분에 검은색 얼룩무늬가 있다. 겨울깃의 몸 윗면은 암회갈색으로, 각 깃털에는 검은색 반점이 있다. 부리는 검은색이고, 다리는 엷은 녹갈색을 띤다. 부리는 머리의 길이보다 짧으며, 끝이 아래로 구부러져 있다. 묵은 논이나 묵은 염전 등에서 매우 드물게 볼 수 있으며, 번식기에는 습지 주변 초지에 둥지를 튼다.

▲▲ 논에서 먹이를 찾고 있다.　▲ 이동 중 휴식하고 있다.

종달도요

학 명 : *Calidris subminuta*
영 명 : Long-toed Stint

물떼새목/도요과

◆생활형 / 나그네새
◆몸 길이 / 약 15cm
◆먹이 / 곤충류 등 동물성 먹이, 식물의 열매
◆출현기 / 5월, 10월
◆분포 / 한국, 일본, 중국, 러시아, 동남 아시아, 오스트레일리아
※민물에 사는 도요 종류이며, 적은 개체가 5월 초나 추석 무렵에 이동한다.

몸 윗면은 다갈색이고 아랫면은 흰색이며, 가슴에는 갈색 반점이 있다. 몸 전체에 붉은색 깃털이 있어 쉽게 구별된다. 부리는 가늘며, 머리의 길이보다 약간 짧다. 발은 녹황색이고, 발가락은 길다. '흰꼬리좀도요'에 비하여 눈썹선이 뚜렷하며, 다리가 길다. 바닷가 갯벌보다는 얕은 민물이 있는 논에서 1~2마리 정도를 볼 수 있으며, 큰 무리를 짓지 않는다.

▲ 논에서 휴식하고 있다.

◀ 먹이를 찾고 있다.

물떼새목/도요과

- ◆생활형 / 나그네새
- ◆몸 길이 / 약 21cm
- ◆먹이 / 게, 작은 조개류, 모기의 유충
- ◆출현기 / 5월, 10월
- ◆분포 / 한국, 일본, 중국, 러시아, 동남 아시아, 오스트레일리아
- ※민물에 사는 도요 종류이며, 1~2마리가 각각 떨어져 다닌다.

메추라기도요

학 명 : *Calidris acuminata*
영 명 : Sharp-tailed Sandpiper

여름깃의 목과 가슴은 어두운 갈색의 비늘 무늬가 옆구리와 배까지 이어져 있다. 겨울깃의 등은 연한 갈색이며, 목과 옆구리에 희미한 줄무늬가 있다. 부리는 머리의 길이보다 약간 짧다. 걸을 때 몸은 거의 직립 상태이며, 날 때에는 완만히 저공으로 비상한다. 번식기에는 암컷이 둥지를 튼다. 바닷가 갯벌보다는 논이나 얕은 개울 등에서 볼 수 있으며, 무리를 짓지 않는다.

물새 349

▲ 이동 중 바닷가에서 휴식하고 있다(여름깃).

붉은갯도요

학 명 : *Calidris ferruginea*
영 명 : Curlew Sandpiper

여름깃의 머리 부분과 몸의 아랫면은 적갈색이고, 등과 어깨깃은 검은색이며, 목, 가슴, 배의 가장자리는 흰색이다. 겨울깃의 몸 윗면은 잿빛을 띤 갈색이며, 아랫면은 흰색이다. 부리와 다리는 검은색이다. 부리는 머리 길이의 약 1.2배로, 아래로 약간 구부러져 있다. 간척지, 소택지, 하구의 삼각주 등에 도래한다. 번식기에는 툰드라 지대의 땅 위에 둥지를 튼다.

물떼새목/도요과

- ◆생활형 / 나그네새
- ◆몸 길이 / 약 19cm
- ◆먹이 / 조개류, 지렁이, 곤충류
- ◆출현기 / 5월, 10월
- ◆분포 / 한국, 일본, 중국, 러시아, 동남 아시아, 오스트레일리아, 유럽

※ '중부리도요'나 '알락꼬리마도요', '뒷부리도요' 무리에서 드물게 볼 수 있다.

▲▲ 여름깃 ▲ 겨울깃

물떼새목/도요과

민물도요

학 명 : *Calidris alpine*
영 명 : Dunlin

- ◆ 생활형 / 겨울 철새
- ◆ 몸 길이 / 약 20cm
- ◆ 먹이 / 조개류, 갑각류, 달팽이, 지렁이, 거미류, 곤충류
- ◆ 출현기 / 5월, 10~12월, 1~3월
- ◆ 분포 / 한국, 일본, 중국, 러시아, 동남 아시아, 오스트레일리아, 유럽
- ※ 우리 나라에 도래하는 도요 종류 중 그 수가 가장 많다.

여름깃의 머리 위와 등 뒤는 갈색 무늬가 있고, 가슴부터 검은 점이 있다. 번식기에는 배 밑이 검게 변한다. 겨울깃의 몸 전체는 회갈색을 띠며, 배는 흰색이다. 부리는 머리 길이의 약 1.2배로, 아래로 구부러져 있다. 간척지, 염전 등에서 큰 무리를 지어 생활한다. 관목이나 풀뿌리 등의 오목한 곳에 접시 모양으로 둥지를 만든다. 낙동강 하구, 금강 하구, 동해안 등에서 겨울을 보낸다.

▲ 부리 끝이 넓적한 주걱 모양이다. ▲ 이동 중 휴식하고 있다.

넓적부리도요

학 명 : *Eurynorhynchus pygmeus*
영 명 : Spoon-billed Sandpiper

등과 날개는 암갈색으로 흰색과 엷은 갈색 무늬가 있으며, 배는 흰색이다. 끝이 넓적한 주걱 모양의 부리를 가진 것이 특징이다. 부리는 머리의 길이와 거의 비슷하다. 단독 또는 2~3마리씩의 작은 무리로 '좀도요'나 '민물도요' 무리에 섞여 생활하며, 드물게 볼 수 있다. 번식기에는 바닷가나 호수 주변의 조용한 초지에 둥지를 틀며, 겨울에는 조석간만의 차가 있는 갯벌에 서식한다.

물떼새목/도요과

◆생활형 / 나그네새
◆몸 길이 / 약 15cm
◆먹이 / 게, 조개류, 작은 동물성 먹이
◆출현기 / 5월, 10월
◆분포 / 한국, 일본, 중국, 러시아, 동남 아시아, 오스트레일리아
※매우 귀한 도요 종류로, 부산 을숙도에서 볼 수 있다. 멸종위기야생동식물 Ⅰ급

▲ 휴식 중인 무리

◀ 어린새

물떼새목/도요과

- ◆생활형 / 나그네새
- ◆몸 길이 / 약 17cm
- ◆먹이 / 곤충류, 무척추동물
- ◆출현기 / 5월, 10월
- ◆분포 / 한국, 일본, 중국, 러시아, 동남 아시아, 오스트레일리아
- ※부산 을숙도 바닷가 모래밭에서 볼 수 있다.

송곳부리도요

학 명 : *Limicola falcinellus*
영 명 : Broad-billed Sandpiper

'민물도요'와 비슷하나 부리 끝이 약간 아래로 구부러져 있고, 부리는 날카롭다. 머리꼭대기는 흑갈색, 등에는 흑갈색과 적갈색의 반점이 있으며, 흰색의 눈썹선은 눈 위에서 둘로 갈라져 있다. 몸의 아랫면은 흰색이고, 목에서 가슴까지 흑갈색의 반점이 있다. 다리는 짧고 검은색이다. 물가나 얕은 물 속을 걸어다니면서 먹이를 찾는다. 툰드라 지대의 초지에서 번식한다.

▲ 발가락에 막이 있어 헤엄을 잘 친다.

◀ 휴식 중인 한 쌍

지느러미발도요

학 명 : *Phalaropus lobatus*
영 명 : Red-necked Phalarope

암컷이 수컷에 비해 크며, 머리와 등 뒤의 갈색과 검은색도 수컷에 비해 진하다. 부리는 가늘며, 머리의 길이와 비슷하다. 발가락에는 지느러미처럼 생긴 막이 있어서 헤엄을 잘 친다. 번식기에는 바닷가 주변 습지에서 서식하고, 겨울에는 먼바다에서 생활한다. 바다에 내려앉는 경우가 많으며, 수면을 뱅뱅 돌면서 헤엄치다가 떠내려오는 먹이를 잡아먹는다.

물떼새목/도요과

◆생활형/나그네새
◆몸 길이/약 20cm
◆먹이/미생물, 연체 동물
◆출현기/5월, 10월
◆분포/한국, 일본, 중국, 러시아, 동남 아시아, 오스트레일리아
※울릉도 부근의 동해에서 이동하는 큰 무리를 볼 수 있으며, 남해안에서는 1~2마리 정도 볼 수 있다.

▲ 눈 밑에서 턱 밑으로 둥글게 검은 선이 있다(여름깃).

물떼새목/제비물떼새과

- ◆생활형 / 나그네새
- ◆몸 길이 / 약 24cm
- ◆먹이 / 메뚜기, 잠자리
- ◆출현기 / 5월, 10월
- ◆분포 / 한국, 일본, 중국, 러시아, 동남 아시아, 오스트레일리아, 유럽, 아프리카
- ※전남 흑산도, 가거도 등의 외딴 섬이나 강 하구 등지에서 이동하는 무리를 매우 드물게 볼 수 있다.

제비물떼새

학 명 : *Glareola maldivarum*
영 명 : Oriental Pratincole

몸 전체가 황갈색이며, 꼬리는 검은색으로 제비꼬리 모양이다. 눈 밑에서 턱 밑으로 둥글게 검은색 선이 있으며, 부리 기부와 날개 안쪽은 붉은색인데, 겨울이 되면 빛깔이 흐려진다. 비행시 꼬리는 짧고, 날개는 몸통에 비해 날카롭고 길다. 주로 갯벌에서 사는데, 소수의 무리는 메마른 땅에서도 산다. 둥지를 틀지 않고 직접 땅 위에 알을 낳는 것이 특징이다. 비행 속도가 빨라 공중에서 곤충을 잡아먹는다.

▲ 바닷가에서 먹이를 찾고 있다.

◀◀ 부화한 지 약 6개월 된 어린새
◀ 둥지의 새끼새

괭이갈매기

학 명 : *Larus crassirostris*
영 명 : Black-tailed Gull

머리, 가슴, 배는 흰색, 등은 회색이며, 꼬리는 검은색을 띤다. 부리는 노란색이고, 끝은 붉은색과 검은색을 띠며, 다리는 노란색이다. 무인도에서 큰 무리를 지어 번식하며, 둥지는 초지 관목 주변에 튼다. 번식지가 천연 기념물로 지정된 곳은 인천 신도, 충남 난도, 전남 칠산도, 경남 홍도, 경북 독도이다. 바닷가에서 흔히 볼 수 있으며, 겨울에는 한강에서도 2000여 마리를 볼 수 있다.

물떼새목/갈매기과

◆생활형 / 텃새
◆몸 길이 / 약 46cm
◆먹이 / 물고기, 조개류, 개구리, 곤충류, 새우깡
◆출현기 / 사계절
◆분포 / 한국, 일본, 러시아, 중국, 타이완

※고양이 울음소리를 낸다고 하여 '괭이갈매기'란 이름이 붙여졌다. 사계절 볼 수 있는 흔한 바닷새이다.

▲ 겨울깃

▶ 바닷가에서 휴식 중인 무리

물떼새목/갈매기과

- ◆생활형 / 겨울 철새
- ◆몸 길이 / 약 43cm
- ◆먹이 / 작은 동물의 사체, 새 알, 곤충류, 거미류, 물고기, 갑각류, 연체 동물, 환형 동물, 해조류, 이끼류, 감자
- ◆출현기 / 11~12월, 1~3월
- ◆분포 / 한국, 일본, 중국, 러시아
- ※동해안 경포호와 청초호에서 많은 무리를 볼 수 있다.

갈매기

학 명 : *Larus canus*
영 명 : Mew Gull

'재갈매기'와 모습이 비슷하나 몸집이 작은 것이 특징이다. 비행시에는 날개가 가늘어 보이며, 날개 끝에 큰 흰색 점과 검은색 점이 있다. 부리와 다리는 엷은 녹황색이다. 바닷가 주변의 습지나 조석간만의 차가 있는 갯벌에서 서식하며, 번식기에는 습지 주변 나무 위나 땅바닥에 둥지를 튼다. 겨울에는 동해안의 작은 항구나 석호에서 무리지어 생활한다.

▲ 알　　　▲ 겨울깃

재갈매기

학 명 : *Larus argentatus*
영 명 : Herring Gull

여름깃의 머리, 목, 가슴, 배, 꼬리는 흰색이고, 등과 날개 윗면은 청회색이며, 바깥쪽 첫째 칼깃은 검은색이고 끝에 흰색 반점이 있다. 겨울깃은 머리부터 가슴에 걸쳐 갈색 무늬가 있다. 부리는 노란색이고, 아랫부리 끝에 붉은색 반점이 있다. 다리는 살색과 노란색의 것이 있다. 작은 섬의 풀밭이나 암벽에 집단 번식하며, 해초와 잔가지 등을 이용하여 접시 모양의 둥지를 만든다.

물떼새목/갈매기과

- ◆생활형 / 텃새
- ◆몸 길이 / 약 61cm
- ◆먹이 / 동물이나 조류 사체, 어린 새, 새알, 물고기, 갑각류, 곤충류, 식물류
- ◆출현기 / 사계절
- ◆분포 / 한국, 일본, 중국, 러시아, 유럽
- ※서해안 강화도 주변 무인도에 적은 수가 번식한다.

▲ 이동 중 길을 잃어 찾아온다.

물떼새목/갈매기과

- ◆생활형 / 미조
- ◆몸 길이 / 약 62cm
- ◆먹이 / 동물의 사체, 어린 새
- ◆출현기 / 12월, 1월
- ◆분포 / 한국, 일본, 중국, 러시아
- ※다른 물떼새나 도요들의 먹이를 빼앗아 먹는다.

노랑발갈매기

학 명 : *Larus cachinnaus*
영 명 : Yellow-legged Gull

'재갈매기'에 비해 부리는 밝은 노란색이고, 머리에 줄무늬가 없으며, 등은 약간 짙은 회색을 띤다. 번식기의 다리는 노란색을 띠며, 집단으로 번식한다. '재갈매기' 무리에 섞여 있으나, 같이 있지 않고 떨어져 휴식한다. 우리 나라에서는 1993년에 처음으로 관찰되었으며, 최근에는 1월에 강원도 속초 청초호에서 갈매기 무리 중에 1마리가 발견되었다.

▲ 바닷가에서 휴식하고 있다.

◀ 어린새

큰재갈매기

학 명 / *Larus schistisagus*
영 명 / Slaty-backed Gull

머리와 목은 순백색이고, 눈꺼풀은 붉은색이다. 진한 회색 깃을 가지고 있어서 '재갈매기'와 구별된다. 부리는 노란색이고, 아랫부리의 끝은 붉은색을 띠며, 매우 육중하다. 주로 바닷가의 내륙에 서식한다. 물고기를 잡아먹기보다는 바닷가 주변의 내륙에서 먹이를 찾는데, 유기물과 쓰레기 등도 먹이의 대상이 된다. 겨울에 '재갈매기' 무리에 섞여 많이 찾아온다.

물떼새목/갈매기과

◆ 생활형 / 겨울 철새
◆ 몸 길이 / 약 61cm
◆ 먹이 / 동물이나 조류의 사체, 물고기의 내장, 갑각류, 연체 동물, 곤충류
◆ 출현기 / 11~12월, 1~3월
◆ 분포 / 한국, 일본, 중국, 러시아
※ 학자에 따라서는 '재갈매기'와 '큰재갈매기'를 같은 종으로 분류하기도 한다.

▲ 이동 중 길을 잃어 찾아온다.

물떼새목/갈매기과

◆생활형 / 미조
◆몸 길이 / 52~67cm
◆먹이 / 물고기
◆출현기 / 12월, 1월
◆분포 / 인도, 러시아, 유럽, 아프리카
※이동 시기에 동해안에서 1~2마리를 볼 수 있다.

줄무늬노랑발갈매기

학 명 : *Larus fuscus*
영 명 : Lesser Black-backed Gull

'재갈매기'와 비슷하여 분류하기 어렵다. 머리, 가슴, 배, 꼬리는 흰색이다. 날개는 짙은 회색을 띠며, 날개 끝에 흰색 경계선이 있다. 다리와 부리는 노란색이고, 아랫부리에는 빨간색 점이 있다. 집단 번식을 하며, 평생을 무리지어 생활한다. 바다보다는 민물 호수나 강에 서식하며, 번식기에는 습지 주변의 풀숲 바닥에 둥지를 튼다. 길을 잃고 매우 드물게 찾아온다.

▲ 이동 중 길을 잃어 찾아온다(여름깃).

큰검은머리갈매기

학 명 : *Larus ichthyaetus*
영 명 : Pallas's Gull, Great Black-headed Gull

'큰재갈매기'보다 약간 크다. 번식기에는 '붉은부리갈매기'와 같이 머리깃이 검은색이지만, 월동기나 미성숙한 시기에는 흰색 머리에 눈 주위는 회색빛을 띤다. 꼬리깃은 검은색이며, 다리는 노란색을 띤다. 바닷가 주변의 조용한 습지나 내륙의 넓은 호수 지역에서 서식하며, 주로 단독 생활을 한다. 번식기에는 무리지어 집단 번식하며, 땅 위에 간단하게 둥지를 튼다.

물떼새목/갈매기과

◆생활형 / 미조
◆몸 길이 / 약 68cm
◆먹이 / 물고기, 동물성 먹이, 곤충류
◆출현기 / 5월, 10월
◆분포 / 몽골, 인도, 러시아, 동남 아시아
※우리 나라에 찾아오는 갈매기 종류 중 매우 희귀한 종이며, 5월에 1~2마리가 동해안 바닷가에 찾아온다.

▲▲ 바위 위에서 쉬고 있다(겨울깃).　▲ 바닷가에서 휴식 중인 여름깃 무리

물떼새목/갈매기과

◆생활형 / 겨울 철새
◆몸 길이 / 약 40cm
◆먹이 / 무척추동물
◆출현기 / 9~12월, 1~4월
◆분포 / 한국, 일본, 중국, 러시아

※겨울에 찾아오는 갈매기 종류 중 가장 많은 종으로, 전국 바닷가에서 쉽게 볼 수 있다. 4월에 북상할 때는 머리가 검은 깃털이다.

붉은부리갈매기

학 명 : *Larus ridibundus*
영 명 : Common Black-headed Gull

여름깃의 머리는 검은 갈색이고, 눈 주위에는 흰색 꼬리 모양의 얼룩무늬가 있으며, 뒷머리와 앞목은 흰색, 어깨깃과 허리는 옅고 푸른 잿빛이다. 겨울깃의 머리는 위쪽의 점무늬만을 남기고 흰색이 된다. 부리와 다리는 짙은 붉은색이다. 바닷가 주변의 얕은 민물이나 습지에서 서식하며, 1년 내내 무리지어 생활한다. 번식기에는 땅바닥에 약간의 풀을 깔고 둥지를 튼다.

▲▲ 알을 품은 후 쉬는 어미새 여름깃 ▲ 월동 중인 겨울깃 무리

검은머리갈매기

학 명 : *Larus saundersi*
영 명 : Saunders's Gull

여름깃의 머리는 검다. 눈가의 흰 피부선으로 다른 종류와 구별한다. 겨울깃의 머리는 흰색이다. '붉은부리갈매기'의 습성과 흡사하나 비행시에는 '제비갈매기'와 비슷한데, 급강하하지 않고 저공으로 날면서 먹이를 찾는다. 간석지 땅바닥에서 번식하지만, '까치'가 알을 먹고 새끼를 잡아먹어 번식률이 매우 낮다.

물떼새목/갈매기과

◆생활형/텃새
◆몸 길이/약 33cm
◆먹이/물고기
◆출현기/사계절
◆분포/한국, 중국, 러시아
※중부 서해안 간석지에서 매우 드물게 볼 수 있으며, 신도시 간척지에서만 적은 수가 번식한다. 멸종위기야생동식물 II급

▲ 바위 위에서 휴식하고 있다.

◀ 비상 중

물떼새목/갈매기과

◆생활형 / 겨울 철새
◆몸 길이 / 약 42cm
◆먹이 / 물고기
◆출현기 / 11~12월, 1~3월
◆분포 / 한국, 일본, 중국, 러시아, 유럽, 북아메리카
※겨울에 경남 거제도 등에서 볼 수 있었으나 2000년 전후에는 강원도 고성 아야진항에서 무리지어 산다.

세가락갈매기

학 명 : *Rissa tridactyla*
영 명 : Black-legged Kittiwake

등, 어깨깃, 허리가 엷은 푸른 잿빛이다. 그 밖의 깃털은 흰색이다. 부리는 노란색이며, 다리는 검은 갈색이다. 비행시 목 뒤와 날개 끝은 검은색이며, 그 밖의 부분은 흰색이다. 외양성 갈매기로, 번식기에는 바위 절벽에 풀과 수초들로 둥지를 튼다. 번식기 이외에는 먼바다에서 생활하며, 바닷가에 접근하는 경우가 드물다.

▲ 이동 중 길을 잃어 찾아온다.

◀ 둥지에서 새끼를 돌보고 있다.

붉은발제비갈매기

학 명 : *Sterna hirundo minussensis*
영 명 : Common Tern

'제비갈매기'와 매우 비슷하게 생겼으나 부리 끝이 더욱 검거나 부리 전체가 검은색이며, 다리는 붉은빛을 띤다. 호수, 바다, 하구 등에서 서식하며, 그 습성이 '제비갈매기'와 비슷하다. 번식기에는 외딴 모래사장에서 둥지를 튼다. 이동 시기에 길을 잃어 찾아오며, '제비갈매기' 무리에서 매우 드물게 볼 수 있다.

물떼새목/갈매기과

- ◆생활형 / 미조
- ◆몸 길이 / 약 35cm
- ◆먹이 / 물고기
- ◆출현기 / 5월, 10월
- ◆분포 / 한국, 일본, 중국, 러시아, 북아메리카
- ※동해안 모래사장에서 1~2마리를 볼 수 있다.

▲ 휴식하고 있다.
▶ 이동 중 휴식하는 작은 무리

물떼새목/갈매기과

- ◆ 생활형 / 나그네새
- ◆ 몸 길이 / 약 35cm
- ◆ 먹이 / 물고기
- ◆ 출현기 / 5월, 10월
- ◆ 분포 / 한국, 일본, 중국, 러시아

※ 봄가을에 100여 마리가 우리 나라를 통과하며, 주로 봄보다는 가을에, 동해안에서보다는 부산 을숙도 등지에서 쉽게 볼 수 있다.

제비갈매기

학 명 : *Sterna hirundo longipennis*
영 명 : Common Tern

머리꼭대기의 검은색은 윗목까지 뻗어 있다. 다리는 검은색이다. 비행시 윗머리와 날개 끝은 검은색이며, 그 밖의 부분은 흰색이다. 꼬리는 '제비'의 꼬리와 같이 두 가닥으로 길게 뻗어 있다. 먹이를 찾을 때에는 날개를 펴고 부리를 밑으로 숙여 한 곳에 머물며, 물고기를 발견하면 날개를 오므리고 낙하하여 잡아 날아오른다. 번식기에는 외딴 모래사장에 둥지를 튼다.

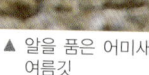

▲ 알을 품은 어미새 여름깃
◀◀ 휴식하고 있다.
◀ 어미새를 찾는 새끼새

쇠제비갈매기

학 명 : *Sterna albifrons*
영 명 : Little Tern

여름깃의 뒷머리, 눈 옆은 검은색이며, 등과 날개는 회색을 띤다. 이마, 뺨, 가슴, 배, 꼬리는 흰색이다. 노란색의 부리는 끝이 검은색이며, 다리는 노란색, 발톱은 검은색이다. 겨울깃은 부리가 검고 눈 앞이 희다. 바닷가, 강, 논 위를 3~4m 높이로 날개를 느리게 퍼덕여 가볍게 날면서 머리를 좌우로 돌려 먹이를 찾는다. 바닷가의 자갈밭, 강가 모래밭에 집단으로 둥지를 튼다.

물떼새목/갈매기과

- ◆생활형 / 여름 철새
- ◆몸 길이 / 약 28cm
- ◆먹이 / 물고기
- ◆출현기 / 4~9월
- ◆분포 / 한국, 일본, 중국, 러시아, 동남 아시아, 오스트레일리아

※낙동강 하구, 경기도 안산 시화호 등지에서 많이 번식한다.

▲ 둥지 부근에서 경계하고 있다.   ▲ 비상 중

물떼새목/갈매기과

- ◆ 생활형 / 미조
- ◆ 몸 길이 / 약 23cm
- ◆ 먹이 / 물고기
- ◆ 출현기 / 5월, 10월
- ◆ 분포 / 한국, 일본, 중국, 몽골, 러시아, 동남 아시아, 오스트레일리아, 유럽

※ 몽골에서는 호수나 습지에서 흔하게 볼 수 있다.

흰죽지제비갈매기

학 명 : *Chlidonias leucopterus*
영 명 : White-winged Black Tern, White-winged Tern

'제비갈매기'보다 작다. 여름깃은 날개깃과 꼬리를 제외하고는 전체적으로 검은색을 띤다. 겨울깃은 날개깃과 머리깃이 회색을 띠는 것이 특징이며, 흰색의 목테 부분이 선명하여 다른 유사종과 구별할 수 있다. 번식기에는 민물가 수면 위의 갈대를 엮어 둥지를 튼다. 주변에 천적이 오면 무리를 지어 공격한다.

▲ 이동 중 길을 잃어 찾아온다.

◀ 날개에 흰색 줄이 있다.

알락쇠오리

학 명 : *Brachyramphus perdix*
영 명 : Long-billed Murrelet

물떼새목/바다오리과

- ◆생활형 / 미조
- ◆몸 길이 / 약 24cm
- ◆먹이 / 물고기
- ◆출현기 / 12월, 1월
- ◆분포 / 일본, 러시아
- ※주로 북극권 바닷가에서 집단 번식을 하며, 우리 나라에는 겨울에 1~2마리가 길을 잃어 찾아온다.

'바다쇠오리'와 비슷하나 부리가 검은색이고 길고 뾰족하며, 날개에 흰색 줄이 있다. 머리와 가슴 부분에 있는 흰색 구분선이 작은 편이다. 다른 바다오리 종류와 달리 외딴 섬에서 무리지어 생활하지 않고 바닷가 부근의 조용한 숲에서 번식한다. 겨울철 남해안과 동해안에서 일부가 '바다쇠오리'에 섞여 드물게 관찰되고 있으나 그 수가 적은 편이다.

▲ 바닷가에서 먹이를 찾고 있다.

◀ 둥지에서 알을 품은 어미새

물떼새목/바다오리과

◆생활형 / 텃새
◆몸 길이 / 약 25cm
◆먹이 / 멸치 등의 물고기, 갑각류, 조개류
◆출현기 / 사계절
◆분포 / 한국, 일본, 중국, 러시아

※동해와 서해에서 번식하고 남해안에서 월동하는 흔한 새였으나, 개체 수가 급격하게 감소되었다.

바다쇠오리

학 명 : *Synthliboramphus antiquus*
영 명 : Ancient Murrelet

머리, 날개, 등은 검은색이며, 뒷머리와 목, 가슴은 흰색을 띤다. 눈 뒤에서 목 뒤로 굵은 흰색 줄이 있는 것이 특징이다. 부리 끝은 흰색이다. 겨울에는 3~4마리 또는 20~30마리의 작은 무리에서 1000여 마리까지 큰 무리를 이룬다. 위험할 때에는 잠수하여 헤엄쳐 가거나 날아서 도망친다. 바닷가 앞 바다에 서식하며, 외딴 섬의 초지나 암초에서 집단 번식을 한다.

▲ 암컷(박제)

작은바다오리

학 명 : *Aethia pusilla*
영 명 : Least Auklet

물떼새목/바다오리과

◆생활형 / 미조
◆몸 길이 / 약 13cm
◆먹이 / 작은 물고기, 동물성 플랑크톤
◆출현기 / 12월, 1월
◆분포 / 러시아, 북아메리카

머리, 가슴, 등, 날개는 검은색이고, 턱은 흰색이며, 배는 엷은 회색을 띤다. 부리는 붉은빛을 띠며, 부리 주위와 눈 뒤로 흰색 깃털이 있다. 번식기에는 바닷가의 높이 경사진 안전한 곳에 둥지를 튼다. 주로 외딴 섬에서 다른 종류의 새들과 무리지어 번식한다. 추운 북극권에서 집단 번식을 하는 새로, 길을 잃어 불규칙하게 찾아온다. 우리 나라에서는 1마리가 동해안에서 포획되었다.

▲ 둥지 부근에서 경계하고 있다.

참새목/물까마귀과

- ◆생활형 / 텃새
- ◆몸 길이 / 약 20cm
- ◆먹이 / 물고기, 수서 곤충류와 그 유충
- ◆출현기 / 사계절
- ◆분포 / 한국, 일본, 중국, 러시아

※추운 겨울에도 물 속에 들어가 먹이를 찾으며, 경기도 남한산성 동문 주변에서 매년 이른 봄에 번식한다.

물까마귀

학 명 : *Cinclus pallasii*
영 명 : Brown Dipper

등 쪽은 약간 적갈색을 띤 다갈색이고, 깃 가장자리는 약간 어두운 색이며, 몸의 아랫면은 다갈색이다. 배 부분은 적갈색을 띤다. 허리와 위꼬리덮깃은 검은 잿빛이고, 꼬리는 어두운 갈색을 띤 검은색이다. 겨울깃의 눈꺼풀에는 가는 흰색 털이 섞여 있다. 어린새의 몸에는 회색 점무늬가 많다. 깊은 산 계곡 물가에서 번식하며, 단독 또는 암수가 함께 생활한다.

물새 373

학명 찾아보기

A

Accipiter gentiles 36
Accipiter gularis 34
Accipiter nisus 35
Accipiter soloensis 33
Acrocephalus bistrigiceps 120
Acrocephalus orientalis 119
Actitis hypoleucos 340
Aegithalos caudatus 105
Aegithalos caudatus magnus 106
Aegypius monachus 28
Aethia pusilla 372
Aix galericulata 234
Alauda arvensis 110
Alcedo atthis 65
Amaurornis phoenicurus 297
Anas acuta 244
Anas americana 238
Anas clypeata 243
Anas crecca carolinensis 249
Anas crecca crecca 248
Anas falcate 236
Anas formosa 246
Anas penelope 237
Anas platyrhynchos 240
Anas poecilorhyncha 242
Anas querquedula 245
Anas rubripes 239
Anas strepera 235

Anser albifrons 222
Anser caerulescens 224
Anser cygnoides 220
Anser erythropus 223
Anser fabalis 221
Anthropoides virgo 302
Anthus cervinus 190
Anthus godlewskii 186
Anthus gustavi 189
Anthus hodgsoni 188
Anthus richardi 185
Anthus spinoletta 191
Anthus trivialis 187
Apus pacificus 61
Aquila chrysaetos 41
Aquila heliaca 40
Ardea alba alba 287
Ardea alba modesta 288
Ardea cinerea 285
Ardea purpurea 286
Ardeola bacchus 283
Arenaria interpres 342
Asio flammeus 59
Asio otus 58
Athene noctua 56
Aythya ferina 251
Aythya fuligula 252
Aythya marila 253

B

Bombycilla garrulous 95
Bombycilla japonica 96
Botaurus stellaris 278
Brachyramphus perdix 370
Branta bernicla 226
Branta canadensis 225
Bubo bubo 54
Bubulcus ibis 284
Bucephala clangula 259
Butastur indicus 37
Buteo buteo 38
Buteo hemilasius 39
Butorides striata 282

C

Calandrella brachydactyla 107
Calandrella cheleensis 108
Calidris acuminata 349
Calidris alba 345
Calidris alpine 351
Calidris canutus 344
Calidris ferruginea 350
Calidris ruficollis 346
Calidris subminuta 348
Calidris temminckii 347
Calidris tenuirostris 343
Calonectris leucomelas 266
Caprimulgus indicus 60
Carduelis sinica 193
Carduelis spinus 194
Carpodacus erythrinus 197
Carpodacus roseus 198

Cecropis daurica 103
Certhia familiaris 134
Cettia diphone borealis 114
Cettia diphone cantans 115
Chaimerrornis leucocephalus 157
Charadrius alexandrinus 318
Charadrius dubius 317
Charadrius mongolus 319
Charadrius morinellus 320
Charadrius placidus 316
Chlidonias leucopterus 369
Ciconia boyciana 274
Ciconia nigra 273
Cinclus pallasii 373
Circus cyaneus 31
Circus melanoleucos 32
Circus spilonotus 30
Cisticola juncidis 111
Coccothraustes coccothraustes 201
Columba janthina 43
Columba rupestris 42
Corvus corone 93
Corvus dauuricus 91
Corvus frugilegus 92
Corvus macrorhynchos 94
Coturnix japonica 17
Cuculus canorus 47
Cuculus hyperythrus 45
Cuculus micropterus 46
Cuculus poliocephalus 49
Cuculus saturatus 48
Cyanopica cyanus 88
Cyanoptila cyanomelaena 169

Cygnus colombianus 228
Cygnus cygnus 229
Cygnus olor 227

Dendrocopos canicapillus 69
Dendrocopos kizuki 68
Dendrocopos leucotos quelpartensis 71
Dendrocopos leucotos takahshill 70
Dendrocopos major 72
Dendronanthus indicus 176
Dicrurus macrocercus 85
Dryocopus javensis 73
Dryocopus martius 74

E

Egretta eulophotes 292
Egretta garzetta 290
Egretta intermedia 289
Egretta sacra 291
Emberiza aureola 211
Emberiza chrysophrys 208
Emberiza cioides 204
Emberiza elegans 210
Emberiza fucata 206
Emberiza pusilla 207
Emberiza rustica 209
Emberiza rutila 212
Emberiza schoeniclus 217
Emberiza spodocephala 214
Emberiza sulphurata 213
Emberiza tristrami 205
Emberiza variabilis 215

Emberiza yessoensis 216
Eophona migratoria 202
Eophona personata 203
Eumyias thalassinus 170
Eurynorhynchus pygmeus 352
Eurystomus orientalis 62

Falco peregrinus 22
Falco subbuteo 21
Falco tinnunculus 20
Ficedula mugimaki 167
Ficedula narcissina 166
Ficedula parva 168
Ficedula zanthopygia 165
Fregata ariel 293
Fringilla montifringilla 192
Fulica atra 301

Galerida cristata coreensis 109
Gallicrex cinerea 299
Gallinago gallinago 326
Gallinago solitaria 325
Gallinula chloropus 300
Garrulus glandarius 87
Gavia pacifica 265
Gavia stellata 264
Glareola maldivarum 355
Grus grus 303
Grus japonensis 307
Grus monacha 306
Grus vipio 304

H

Haematopus ostralegus 309
Halcyon coromanda 63
Halcyon pileata 64
Haliaeetus albicilla 26
Haliaeetus pelagicus 27
Heteroscelus brevipes 341
Himantopus himantopus 310
Hirundo rustica 104
Histrionicus histrionicus 256
Hydrophasianus chirurgus 322

I

Ixobrychus eurhythmus 280
Ixobrychus sinensis 279

J

Jynx torquilla 67

L

Lanius bucephalus 79
Lanius cristatus 80
Lanius excubitor 82
Lanius schach 81
Lanius sphenocercus 83
Lanius tigrinus 78
Larus argentatus 358
Larus cachinnaus 359
Larus canus 357
Larus crassirostris 356
Larus fuscus 361
Larus ichthyaetus 362
Larus ridibundus 363
Larus saundersi 364
Larus schistisagus 360
Leucosticte arctoa 195
Limicola falcinellus 353
Limosa lapponica 328
Limosa limosa 327
Locustella certhiola 116
Locustella ochotensis 117
Locustella pleskei 118
Lonchura punctulata 173
Loxia curvirostra 199
Luscinia calliope 151
Luscinia cyane 152
Luscinia cyanura 153
Luscinia sibilans 154
Luscinia svecica 150

M

Melanitta fusca 257
Melanitta nigra 258
Mergellus albellus 260
Mergus merganser 261
Mergus serrator 262
Mergus squamatus 263
Microscelis amaurotis 112
Milvus migrans 25
Monticola solitarius pandoo 160
Monticola solitarius phippensis 161
Motacilla alba leucopsis 183
Motacilla alba lugens 182
Motacilla alba ocularis 181
Motacilla cinerea 180
Motacilla citreola 179

Motacilla flava simillima 177
Motacilla flava taivana 178
Motacilla grandis 184
Muscicapa dauurica 164
Muscicapa griseisticta 162
Muscicapa sibirica 163

Netta rufina 250
Ninox scutulata 57
Numenius arguata 331
Numenius madagascariensis 332
Numenius minutus 329
Numenius phaeopus 330
Nycticorax nycticorax 281

Occeanodroma monorhis 267
Oenanthe isabellina 159
Oriolus chinensis 84
Otus bakkamoena 51
Otus scops 52

Pandion haliaetus 23
Paradoxornis webbianus 127
Parus ater 98
Parus major 97
Parus palustris 100
Parus varius 99
Passer montanus 172
Passer rutilans 171
Pericrocotus divaricatus 77

Pernis ptilorhynchus 24
Phalacrocorax capillatus 295
Phalacrocorax carbo 294
Phalacrocorax pelagicus 296
Phalaropus lobatus 354
Phasianus colchicus 18
Phoenicurus auroreus 155
Phylloscopus borealis 124
Phylloscopus coronatus 126
Phylloscopus inornatus 123
Phylloscopus proregulus 122
Phylloscopus schwarzi 121
Phylloscopus tenellipes 125
Pica pica 89
Picus canus 75
Pitta nympha 76
Platalea leucorodia 275
Platalea minor 276
Plectrophenax nivalis 218
Pluvialis squatarola 315
Pluvilis fulva 314
Podiceps auritus 271
Podiceps cristatus 270
Podiceps grisegena 269
Podiceps nigricollis 272
Porzana fusca 298
Prunella collaris 174
Prunella montanella 175
Pyrrhocorax pyrrhocorax 90
Pyrrhula pyrrhula rosacea 200

Recurvirostra avosetta 311

Regulus regulus 130
Remiz pendulinus 101
Riparia riparia 102
Rissa tridactyla 365
Rostratula benghalensis 321

Saxicola ferrea 158
Saxicola torquatus 156
Scolopax rusticola 324
Sitta europaea 132
Sitta villosa 133
Sterna albifrons 368
Sterna hirundo longipennis 367
Sterna hirundo minussensis 366
Streptopelia orientalis 44
Strix aluco 53
Sturnus cineraceus 139
Sturnus philippensis 136
Sturnus sericeus 138
Sturnus sinensis 137
Sturnus sturninus 135
Sturnus vulgaris 140
Synthliboramphus antiquus 371

Tachybaptus ruficollis 268
Tadorna ferruginea 231
Tadorna tadorna 230
Terpsiphone atrocaudata 86
Testrastes bonasia 16
Tringa erythropus 333
Tringa glareola 338
Tringa nebularia 336
Tringa ochropus 337
Tringa stagnatilis 335
Tringa totanus 334
Troglodytes troglodytes 131
Turdus cardis 143
Turdus chrysolaus 147
Turdus eunomus 149
Turdus hortulorum 142
Turdus merula 144
Turdus naumanni 148
Turdus obscurus 145
Turdus pallidus 146
Turnix tanki 308
Tyto capensis 50

Upupa epops 66
Uragus sibiricus 196
Urosphena squameiceps 113

Vanellus cinereus 313
Vanellus vanellus 312

Xenus cinereus 339

Zoothera aurea 141
Zosterops erythroleurus 128
Zosterops japonicus 129

우리말 이름 찾아보기

ㄱ

가마우지 295
가창오리 246
갈까마귀 91
갈매기 357
갈색양진이 195
갈색제비 102
개개비 119
개개비사촌 111
개구리매 30
개꿩 315
개똥지빠귀 149
개리 220
개미잡이 67
검독수리 41
검둥오리 258
검둥오리사촌 257
검은가슴물떼새 314
검은댕기해오라기 282
검은등뻐꾸기 46
검은등할미새 184
검은딱새 156
검은머리갈매기 364
검은머리물떼새 309
검은머리방울새 194
검은머리쑥새 217
검은머리촉새 211
검은머리흰죽지 253

검은멧새 215
검은목논병아리 272
검은목두루미 303
검은바람까마귀 85
검은뺨딱새 158
검은지빠귀 143
검은턱할미새 181
고니 228
고방오리 244
곤줄박이 99
괭이갈매기 356
군함조 293
굴뚝새 131
귀뿔논병아리 271
귀제비 103
금눈쇠올빼미 56
긴꼬리때까치 81
긴꼬리홍양진이 196
긴다리솔새사촌 121
긴발톱할미새 178
까마귀 93
까막딱따구리 74
까치 89
깝작도요 340
꺅도요 326
꼬까도요 342
꼬까참새 212
꼬마물떼새 317

380

꾀꼬리 84
꿩 18

ㄴ

나무발발이 134
나무밭종다리 187
넓적부리 243
넓적부리도요 352
노랑눈썹멧새 208
노랑눈썹솔새 123
노랑딱새 167
노랑때까치 80
노랑머리할미새 179
노랑발갈매기 359
노랑발도요 341
노랑부리백로 292
노랑부리저어새 275
노랑지빠귀 148
노랑턱멧새 210
노랑할미새 180
노랑허리솔새 122
논병아리 268

ㄷ

대륙검은지빠귀 144
대백로 287
댕기물떼새 312
댕기흰죽지 252
덤불해오라기 279
독수리 28
동고비 132
동박새 129

되새 192
되솔새 125
되지빠귀 142
두견이 49
두루미 307
뒷부리도요 339
뒷부리장다리물떼새 311
들꿩 16
딱새 155
때까치 79
떼까마귀 92
뜸부기 299

ㅁ

마도요 331
말똥가리 38
매 22
매사촌 45
먹황새 273
멋쟁이 200
메추라기 17
메추라기도요 349
멧도요 324
멧비둘기 44
멧새 204
멧종다리 175
몽골딱새 159
무당새 213
물까마귀 373
물까치 88
물꿩 322
물닭 301

물때까치 83
물레새 176
물수리 23
물총새 65
미국쇠오리 249
미국오리 239
민댕기물떼새 313
민물가마우지 294
민물도요 351
밀화부리 202

ㅂ

바다비오리 262
바다쇠오리 371
바다제비 267
바다직박구리 161
바위종다리 174
박새 97
발구지 245
방울새 193
밭종다리 191
백할미새 182
벌매 24
벙어리뻐꾸기 48
북방개개비 116
북방쇠종다리 108
북방쇠찌르레기 135
붉은가슴도요 344
붉은가슴밭종다리 190
붉은갯도요 350
붉은머리오목눈이 127
붉은발도요 334

붉은발제비갈매기 366
붉은배새매 33
붉은배지빠귀 147
붉은부리갈매기 363
붉은부리까마귀 90
붉은부리찌르레기 138
붉은부리흰죽지 250
붉은뺨멧새 206
붉은어깨도요 343
붉은왜가리 286
비오리 261
뻐꾸기 47
뿔논병아리 270
뿔종다리 109
삑삑도요 337

ㅅ

산솔새 126
삼광조 86
상모솔새 130
새매 35
새홀리기 21
섬개개비 118
섬참새 171
섬휘파람새 115
세가락갈매기 365
세가락도요 345
세가락메추라기 308
소쩍새 52
솔개 25
솔딱새 163
솔부엉이 57

솔잣새 199
송곳부리도요 353
쇠가마우지 296
쇠개개비 120
쇠검은머리쑥새 216
쇠기러기 222
쇠동고비 133
쇠딱따구리 68
쇠뜸부기사촌 298
쇠물닭 300
쇠박새 100
쇠밭종다리 186
쇠백로 290
쇠부리도요 329
쇠부엉이 59
쇠붉은뺨멧새 207
쇠솔딱새 164
쇠솔새 124
쇠오리 248
쇠유리새 152
쇠재두루미 302
쇠제비갈매기 368
쇠종다리 107
쇠찌르레기 136
쇠청다리도요 335
수리부엉이 54
숲새 113
스윈호오목눈이 101
슴새 266
쏙독새 60
쑥새 209

ㅇ

아메리카홍머리오리 238
아물쇠딱따구리 69
아비 264
알락개구리매 32
알락꼬리마도요 332
알락꼬리쥐발귀 117
알락도요 338
알락쇠오리 370
알락오리 235
알락할미새 183
알락해오라기 278
양비둘기 42
양진이 198
어치 87
얼룩무늬납부리새 173
오목눈이 105
오색딱따구리 72
올빼미 53
왕눈물떼새 319
왕새매 37
왜가리 285
울도큰오색딱따구리 70
울새 154
원앙 234
유리딱새 153

ㅈ

자카나 322
작은바다오리 372
장다리물떼새 310
재갈매기 358

재두루미 304
잿빛개구리매 31
잿빛쇠찌르레기 137
저어새 276
적원자 197
제비 104
제비갈매기 367
제비딱새 162
제비물떼새 355
조롱이 34
좀도요 346
종다리 110
종달도요 348
줄무늬노랑발갈매기 361
중국십자매 173
중대백로 288
중백로 289
중부리도요 330
지느러미발도요 354
직박구리 112
진박새 98
진홍가슴 151
찌르레기 139

ㅊ

참매 36
참새 172
참수리 27
청다리도요 336
청도요 325
청둥오리 240
청딱따구리 75

청머리오리 236
청호반새 64
초원올빼미 50
촉새 214
칡때까치 78
칡부엉이 58

ㅋ

칼새 61
캐나다기러기 225
콩새 201
크낙새 73
큰검은머리갈매기 362
큰고니 229
큰기러기 221
큰논병아리 269
큰덤불해오라기 280
큰뒷부리도요 328
큰말똥가리 39
큰밭종다리 185
큰부리까마귀 94
큰부리밀화부리 203
큰소쩍새 51
큰오색딱따구리 71
큰유리새 169
큰재갈매기 360
큰재개구마리 82

ㅌ

태극오리 246

ㅍ

파랑딱새 170
파랑새 62
팔색조 76
푸른바다직박구리 160

ㅎ

학도요 333
한국동박새 128
할미새사촌 77
해오라기 281
호랑지빠귀 141
호반새 63
호사도요 321
호사비오리 263
혹고니 227
혹부리오리 230
홍머리오리 237
홍여새 96
황금새 166
황로 284
황새 274
황여새 95
황오리 231
황조롱이 20
회색머리아비 265
후투티 66
휘파람새 114
흑기러기 226
흑꼬리도요 327
흑두루미 306

흑로 291
흑비둘기 43
흰기러기 224
흰꼬리딱새 168
흰꼬리수리 26
흰꼬리좀도요 347
흰날개해오라기 283
흰눈썹긴발톱할미새 177
흰눈썹물떼새 320
흰눈썹붉은배지빠귀 145
흰눈썹울새 150
흰눈썹황금새 165
흰등밭종다리 189
흰머리바위딱새 157
흰머리오목눈이 106
흰멧새 218
흰목물떼새 316
흰물떼새 318
흰배뜸부기 297
흰배멧새 205
흰배지빠귀 146
흰비오리 260
흰뺨검둥오리 242
흰뺨오리 259
흰이마기러기 223
흰점찌르레기 140
흰죽지 251
흰죽지수리 40
흰죽지제비갈매기 369
흰줄박이오리 256
힝둥새 188

참고 문헌

- 원병오. 1971. 한국의 조류. 왕립 아세아학회 한국 지부.
- 원병오. 1981. 한국동식물도감. 문교부.
- 원병오. 1984. 한국의 새(천연기념물). 범양사.
- 윤무부. 1982. 전남 완도 인접 낙도의 하계 조류 조사(1). 한국자연보호중앙협의회.
- 윤무부. 1983. 전남 조도 지역의 조류 조사(3). 한국자연보호중앙협의회.
- 윤무부·권혁두. 1984. 흑산 군도의 하계 조류 조사(5). 한국자연보호중앙협의회.
- 윤무부. 1987. 최신 한국 조류명집. 아카데미서적.
- 윤무부·권혁두. 1987. 백령도 및 대청·소청도의 조류 조사(7). 한국자연보호중앙협의회.
- 윤무부. 1988. 강원의 자연. 강원도교육위원회.
- 윤무부. 1988. 한국의 자연(조류 생태). 아카데미서적.
- 윤무부. 1990. 한국의 철새. 대원사.
- 윤무부. 1990. 한국의 텃새. 대원사.
- 윤무부·윤종민. 2007. 한국의 새. 교학사.
- del Hoyo, J., A. Elliott, J. Sargatal, and D. A. Christie (Editors). 1992-2006. *Handbook of the Birds of the World.* Vols.1-11. Lynx Editions, New York, USA.
- Dickinson, E. C. (Editor). 2003. *The Howard & Moore Complete Checklist of the Birds of the World.* 3rd Edition. Princeton University Press, Princeton, New Jersey, USA.
- IUCN. 2006. *IUCN Red List of Threatened Species.* www.iucnredlist.org, downloaded on 19 January 2007.

- Long, A. J. et al. 1988. *A Survey of Coastal Wetlands and Shore Birds in South Korea, Spring 1988*. AWB Publ., Kuala Lumpur, Malaysia.
- MacKinnon, J. and K. Phillipps. 2000. *A Field Guide to the Birds of China*. Oxford University Press, Oxford, UK.
- Rasmussen, P. C. and J. C. Anderson. 2005. *Birds of South Asia. The Ripley Guide*. Vols.1-2. Smithsonian Institution and Lynx Edicions, Washington, D. C. and Barcelona.
- Rodolphe Meyer De Schauensee. 1984. *The Birds of China*. Oxford University Press, Oxford, UK.
- Scott, D. A. and C. M. Poole. 1989. *A status overview of Asian wetlands based on 'a directory of Asian wetlands'*. World Conservation Union, Asian Wetland Bureau.